環境刑法研究序説

伊 東 研 祐 著

成 文 堂

はしがき

筆者が環境刑法というものについて考え、書き始めてから、二〇年余りの時を経た。その時間が、それ自体として、短いものであったのか、長いものであったのか、理論学的意味において又環境保護という実践的意味において、実り多いものであったのか否か、自らに問うても、相反する判断を支える様々な出来事そして事実が一斉に想い浮かんで来るばかりで、俄には応え難い。ただ、間違いないのは、昨二〇〇一年の秋以降、町野朔上智大学教授・川端博明治大学教授との鼎談「環境刑法の課題と展望」（現代刑事法三四号（二〇〇二年）四〜二八頁）や大阪市立大学大学院法学研究科の集中講義での院生諸君との議論等、偶然にせよ、自分の研究してきたことを全体的に眺め直す機会を幾度か与えられている内に、本音を語ったこともあって、研究に一区切りをつけたくなった、一区切りをつける必要があると思われてきた、ということである。そこから成ったのが、この間に書いた関連論文や各種報告書等を纏めた本書である。

二〇年余りの時を費やしながら未だ『序説』と呼ばざるを得ないレヴェルの仕事を纏める必要性とは、ある意味では、極めて逆説的且つ個人的なものである。理論学的に見たとき、例えば、環境保護を人間中心主義に立脚する物的不法論ないし結果無価値論の立場から説明しようとすると、「法益」の保護という枠組において破綻を生じるのを避け得ないことは、臓器売買罪や人クローニング罪の説明の場合と同様、最早明らかなように筆者には思われる。また、いわゆる純粋な環境刑法を主張・支持する筆者の立場に対し、結果無価値論からであると行為無価値論からであるとを問わず、行政ないし行政法規制の先行・優越を説く立場は圧倒的に有力であるが、行政ないし行政法規制が（人に関わる場合であってさえも）動かないことは、正にこの二〇年余りの間ずっと問題とされ続けてきたPCB（使用機器）の使用・保管・廃棄やディーゼル排気中の粒子状物質（PM）の規制等の状況だけを見ても明らかであって、その実質は環境の破壊を正当化するものでしかないように思われる。これらの点からも示されるように、筆者は自己の見解・主張の可能性の方を信じるものであるが、それは、なお基礎付け方等が不十分であるが故にであろう、大きな流れたり得ていないのは勿論、十分なインパクトを与えてもいないようである。その意味で展開過程にある『序説』であり、纏めることによってインパクトを高めると同時に、消し去られるのをも防ぐ必要（敢えていえば、種の多様性を守る必要）があるのである。更に、環境保護を巡る世界的状況の中で考えてみると、今後の刑事法による環境の保護に関する戦略を検討する上での資料・情報として、これまでに積み上げられたものは明確化して確保・活用する必要がある。即ち、本二〇〇二年八月末から九月にかけて南アフリカのヨハネスブルクで第二回地球サミットが開催され、それとの関連で、一九九二年のリオデジャネイロ第一回地球サミットで策定されたアジェンダ等の達成度評価が為されたが、それ自体は芳しいものではなかったものの、地球温暖化防止条約の成立等をもたらしたものとしてリオ・サミットで取られた方向性は肯定的な評価を受けている。それは、環境破壊が地球規模での対策・取り組みを必要とするレヴェルに達していることを象徴的に示すと同時に、そのような中での刑事法の使用の可能性という新たな次元・空間での問題について改めて考えていく必要性を示しているのである。

既公表の論文や報告書等を纏めるに際して、当初は、各々に相互の関連付けの為の短い説明文を付し、私見に対する批判・批評への反論・回答、新たな議論展開・文献の紹介等を行うことを考えたが、最終的には、幾つかの点について注記ないし追記する他、初出誌等の明示により時系列的な順序を明らかにすれば、これらは特に必要なものではないと判断した。従って、各論文・報告書等は、見出しの付加・変更と縦一段組みへの統一に伴う形式的変更の他は、誤植・誤字・脱字の修正を除き、内容的には公表時のままとしたが、反論・回答を要すると考えた批判・批評には何等かの形で応えられたと考えている。なお、本書に収録している論文・報告書等の参照を求めている場合には、本書の頁数も追記した。

本書の出版に関しても、再び成文堂のお世話になった。担当の本郷三好編集部次長を初めとして、同社の皆さんに改めて御礼申し上げたい。

二〇〇二年一一月九日

名古屋での一五年間を振り返りながら、自宅にて

伊東研祐

目次

【初出誌等一覧】

第三章・第五章・第七章・第一一章として収録した四編の原稿は、本来は二〇〇二年春までに上智大学出版会から公刊予定であった町野朔（編）『環境刑法の総合的研究』（仮題）の為に執筆し、大部分は既に初校まで終了していたものであるが、その後、同書の出版計画が変更され、公刊時期が更に遅らされた為、企画者・編者である町野教授の承諾を得て、本書で先に公表することとなった。その経緯に鑑みて、左のような初出データの記載を行ったが、同書の標題・出版時期・章節立て等にはなお変更の可能性がある。

第Ⅰ部

第一章　「環境の保護」の手段としての刑法の機能
『団藤重光博士古稀祝賀論文集』第三巻（一九八四年）二六六～二八三頁、有斐閣

第二章　環境刑法における保護法益と法益保護の態様
『刑事法学の現代的状況　内藤謙先生古稀祝賀』（一九九四年）三〇五～三三二頁、有斐閣

第三章　保護法益としての環境
町野朔（編）『環境刑法の総合的研究』（二〇〇三年予定）、第一章第一節ａ、上智大学出版会

第四章　刑法の行政従属性と行政機関の刑事責任
――環境刑法を中心に――
『中山研一先生古稀祝賀論文集　第2巻　経済と刑法』（一九九七年）一一七～一三四頁、成文堂

第五章　公務員・公的機関の刑事責任
町野朔（編）『環境刑法の総合的研究』（二〇〇三年予定）、第三章第三節、上智大学出版会

第Ⅱ部

第六章　第六九回刑法学会大会（一九九一年）ワークショップ「環境刑法」
刑法雑誌三二巻三号（一九九二年）五二三〜五二八頁、日本刑法学会／有斐閣

第七章　ドイツ連邦共和国における環境刑法の成立と展開
町野朔（編）『環境刑法の総合的研究』（二〇〇三年予定）、第二章第二節3、上智大学出版会

第八章　第一五回国際刑法学会総会――一九九四年・リオデジャネイロ――第一テーマ「刑法総則と環境に対する犯罪」の為の準備会議――一九九二年一一月二日〜六日・オタワ――報告
刑法雑誌三三巻三号（一九九四年）五八七〜六〇〇頁、日本刑法学会／有斐閣

第九章　「環境刑法」に関する国連関連研究機関主催の二つの専門家会議・報告
ジュリスト一〇五三号（一九九四年）四六〜五二頁、一〇五四号九四〜一〇二頁、一〇五五号一二九〜一三五頁、有斐閣

第一〇章　環境刑法をめぐる近時の国際的動向
――第Ⅸ回国連犯罪予防及び犯罪者処遇会議ワークショップEへの参加報告を兼ねて――
国際人権七号（一九九六年）二〜六頁、国際人権法学会／信山社

第一一章　環境の国際的保護の動向
町野朔（編）『環境刑法の総合的研究』（二〇〇三年予定）、第一章第三節2a、上智大学出版会

第Ⅰ部　論説編

第一章 「環境の保護」の手段としての刑法の機能

一 問題の所在

一九八〇年七月一日、ドイツ連邦共和国において、第一八次刑法一部改正法 — 環境犯罪取締法[1]が施行された。同法の原型を成した第二八次刑法一部改正法政府草案の提案理由には、次のような一節があって、私の目を惹いた。「環境の保護の為の諸々の刑罰規定の少なくとも本質的な部分を刑法典中に組み入れようとする努力は、他の国々においても見出すことが出来る。……(中略)……一九七一年に日本で提示された刑法改正第二次案は、水体の汚濁に対する刑罰規定を含んでいる[2]」と。改正法成立後にも、O・トリフテラーが、政府・議会の新な試みへの決断を、以下のように控え目な表現を以て性格づけている。「これによって、環境保護の為の最も重要な諸刑罰規定を刑法典に集中し、そして、行政法から分離するという他の国々(例えば、ドイツ民主共和国、オランダ、オーストリー、日本、アメリカ合衆国およびスイス)の傾向に、ドイツ連邦共和国は従うこととなった[3]」と。果してそうなのであろうか? この性格づけ自体の妥当性判断、意味せんとするところの解釈は、一先ず措く。私が或る意味でのこだわりをもって此処で確認し、強調しておきたいのは、一九八〇年時点で従われた国々の中に「日本」が挙げられていることの我々にとっての意味である。

確かに、J・メイダもまた第一〇回国際比較法学会大会（一九七八年・ブダペスト）へのアメリカ合衆国報告書において指摘していたように、我国が所謂公害罪法（人の健康に係る公害犯罪の処罰に関する法律・昭和四五年法一四二号）の制定によって、〃人の健康に係る公害〃を独立の（刑事）犯罪類と成し、その防止の為に刑事制裁を積極的に使用し得るような手当（過失危険犯の処罰、両罰化、因果関係の推定）をも為した、という点において、他国を「リードした」(4)ことは否定できない。西ドイツ政府草案理由書やトリフテラーの前提していたと思われる現在の刑法改正草案二〇八条・二一一条が、この公害罪法と同根であり、その二条と三条とを取り込んだものと説明されているのも周知の通りである。他方、公害対策基本法（昭和四二年八月三日法一三二号）下、大気汚染防止法（昭和四三年六月一〇日法九七号）・騒音規制法（昭和四三年六月一〇日法九八号）・水質汚濁防止法（昭和四五年一二月二五日法一三八号）・振動規制法（昭和五一年六月一〇日法六四号）等多数の法令が整備され、それらの謳う「国民の健康を保護するとともに生活環境を保全する」(5)或いは「生活環境を保全し、国民の健康の保護に資する」(6)という目的の実現を担保すべくそれら法令に組み込まれた罰則体系も、昭和四五年の直罰主義の採用を先鋒に度々改正強化され、相当完備されたものとさえいい得るようになっていることも事実である。我国では、低成長・景気後退期に入ったことも手伝ってか、人の生命や健康という貴重な法益が直接、謂わば可視的に侵され続けているという嘗ての状況は一先ず去った、といい得よう。外部から現象面のみを極く極く巨視的に見るならば、その意味では、我国が公害防止の為に刑事制裁に対して為した制度上の機能乃至役割分担は一応成功していると評価し得るかもしれない。然しながら、既に多くの論者が指摘してきたように、現実には、上の広狭両義の公害刑法自体はいずれも、巧く機能して本来的効果をあげてきたとはいい難いのである。(7)そこには、克服されるべき問題こそあれ、従われるべきものは殆どないとさえいってよいのかもしれない。

のみならず、我国の公害刑法の根底に在る基本的観念を、誤解を恐れず敢えて余りに周知の表現を借りて述べれば、「環境上の諸々の危険に対する人間の生命及び人間の健康の保護」[8]・「環境に対する保護」[9]ということとなると思われる。[10]西ドイツ環境犯罪取締法は、この基本的観念にも従ったのであろうか？……答えは記すまでもないであろう。各特別法上の関連刑罰規定から主要なものを選び出し、改善・強化して刑法典中に独立の一章として集中的に規定する、という立法技術的選択が、結果として、なお見通す上での障害を留めることとなっているとしても、その根底に据えられた理念は、水・大気・土壌のような「生態学上《エコロジカル》の保護財を法益としても承認する」[11]、そして、刑事制裁により保護する、ということである。生態学上の保護財は、生命・健康・所有権のような古典的な、より個人的な法益と同価値の法益として捉えられたのである。[12]「環境に対する保護」[9]ではなく、正に「環境の保護」[9]を直接刑法上目指したのである。我国に従おうとしたのは、敢えていえば、単なる形式に過ぎない。そこには、恐らく何等かの必要性等の理由の相違に基づくのであろう、大きな視座の転換が潜んでいるのである。――環境そのものの保護の為の刑事制裁の使用という視座への転換・拡大が我国においても必要・妥当であるか否かは、俄には判断し得ない。上に述べたような一応の小康状態に在る我国においては、最早嘗ての如き公害犯罪を巡る熱っぽい議論は要らなくなっているのも事実であろう。[13]然し、改めて述べるまでもなく、それは、公害防止・環境保護への問題関心の高まり・定着と「現在ではすでに何が最も有効な環境保護の方法について考えをめぐらすだけの時間が与えられている」[14]ということとを意味するに過ぎない。着実に進行し続けている環境破壊、公害被害の潜在的な緩慢な拡散現象の浸透を前にして、その与えられた時間を傍観者的態度で無為に過ごすことは許されない。これまでの「環境に対する保護」という謂わば対症療法的な立場の再検討・実効化を図るにせよ、或いは、例えば、西ドイツ環境犯罪取締法と奇しくも同日に発効した「滋賀県琵琶湖の富栄養化の防止に関する条例（昭和五四年一〇月一七日条例三七号）」に含まれる罰則が試みるような「環境の保護」の為の刑事制裁の発動方式[15]を正統化するにせよ、〝公害法から環境法へ〟という現下の展開過程及びその到るであろうところにおいて刑事制裁がなお使用を予定されざるを得ないとすれば、その新なパースペクティブの下での刑事制裁の適正な構成を担保すべく、我々刑事法学者も関与してゆくことが当然且つ必要不可欠と思われるのである。

私はこれまで、法益概念の理論学史的分析を通じて、結果無価値・行為無価値論争という刑事制裁発動の基本的視座・枠組を巡る論争を再整理し、刑事不法論の今後の展開の為の基礎を獲得すべく試みて来た。その継続・各論的展開の為の具体的題材として選び、学び始めたのが所謂〝環境刑法〟である。その選択が適切なものであったか否か、私自身には未だ確信はない。団藤先生の古稀をお祝い申し上げるに当っても、そのような段階に留まるものを取り上げることには若干の躊躇を覚えざるを得なかった。纏め易い伝統的題材を選ぶべきであったかもしれない。或いは、折々の談笑の中で先生が示して下さった課題(それは余りに大きなものばかりであるが)の一つに取り組むことによって、学恩に報いるべきであったかもしれない。然し、そのいずれも今の私には為し難い。なお従前の研究の域から脱し得ないものにせよ、未熟な研究の現状の一端を御披露することによって、そして、それを契機とする今後の研鑽をお約束して、慎しんで古稀のお祝いとさせて頂くこととしたい。

(1) Achzehntes Strafrechtsänderungsgesetz – Gesetz zur Bekämpfung der Umweltkriminalität – (18. StrÄndG) vom 28. Marz 1980, BGBl. I S.373.

(2) Entwurf eines Sechzehnten Strafrechtsänderungsgesetz – Gesetz zur Bekämpfung der Umweltkriminalität – (16. StrÄndG), BT-Drucksache 8/2382 (vom 13. 2. 1978) S. 9. 本草案理由書にいう我国の刑法改正第二次案とは、昭和四六年法制審議会刑事法特別部会第二九回会議において採択された所謂第二次参考案を示すと思われる。

(3) Otto Triffterer, Umweltstrafrecht. Einführung und Stellungnahme zum Gesetz zur Bekämpfung der Umwelt-

kriminalität, 1980, S. 31. Vgl. auch Wolfgang Rüdiger, Zur Bekämpfung sozialgefährlicher Umweltverstößen durch das Kriminalstrafrecht, Diss. Gießen 1976, S.72 Anm.285 und S.227. リューディガーによれば、「一九七〇年、日本は、世界で最初の国として、環境汚染を公的に刑事不法として位置づけた」ことになる。

(4) Jaro Mayda, The Penal Protection of the Environment, 26 American Journal of Comparative Law 471 (1978 Supplement), 472

(5) 大気汚染防止法一条、水質汚濁防止法一条参照。

(6) 騒音規制法一条、振動規制法一条参照。

(7) 例えば、芝原邦爾「公害犯罪処罰法の問題点」同『刑法の社会的機能——実体的デュー・プロセスの理論の提唱』一一三頁以下（「人の健康に係る公害犯罪の処罰に関する法律」としてジュリスト四七一号五七頁以下初出）、名和鉄郎「公害刑法の理念と現実㈠」静岡大学法経研究二六巻三＝四号一二三頁以下、浜田栄次「公害事犯の実態と取締上の問題点」法律のひろば二九巻四号四五頁以下、垣口克彦「公害犯罪処罰法の問題性」阪南論集（社会・人文・自然科学編）一七巻四号七一頁以下、中山研一「公害犯罪——企業活動と刑事責任」中山＝西原＝藤木＝宮沢編『現代刑法講座』第五巻八三頁以下、米田泰邦「公害・環境侵害と刑罰——公害刑法と環境刑法」石原＝佐々木＝西原＝松尾編『現代刑罰法大系』2経済活動と刑罰一六三頁以下等参照。もっとも検挙数や適用件数の少なさだけから、このように断定してしまって良いかは疑問視し得る。大谷実「環境破壊・消費者の権利侵害等と刑法改正」法と政策一四号五〇／五一頁、五四頁参照（なお、米田論文は、副題にも示されるように、公害刑法と環境刑法、或いは、公害犯罪と環境犯罪とを（一応）別概念として捉え、両者の関係を検討した上で、「両者を異質視すべきではない。……公害の刑罰による抑止という観点からみて重要なのは、過去の被害の制裁よりも、その予防である。そして、その予防の中心は環境破壊の防止、環境保護である」（一八九頁）或いは「環境犯罪も健康侵害の実害犯に集約される公害犯罪を中心とした犯罪グループとして構成されるべきである」（一七〇頁）という明確な視座から書かれたものであり、本稿を進める上で本来ならば、その視座自体について先ず相応のコメントが為されるべきものである。然し、同論文に最初に接した時点での本稿の構成の変更は既に困難となっており、それは断念せざるを得なかった。本稿の根底に在る視座との相違は、以下の論述からも明らかとなると思われるので、一言お断わりだけしておく）。

(8) Alternativ-Entwurf eines Strafgesetzbuches. Besonderer Teil. Straftaten gegen die Person. 2. Halbband, 1971, S. 49: Es geht nicht um den Schutz der Umwelt, sondern allein um den Schutz menschlichen Lebens und menschlicher Gesundheit vor den Gefahren der Umwelt.

(9) Eckhald Horn, Erlaubtes Risiko und Risikoerlaubnis. Zur Funktion der Prüfstellensystems näch § 155 AE, in Welzel-Festschrift, 1974, S. 719: Nicht so sehr Schutz *der* Umwelt, sondern zunächst einmal Schutz *gegen* die Umwelt. 但し、現在のホルンは対案を支持する立場から改説した。

(10) 平野龍一「環境の刑法的保護——第一〇回国際比較法学会大会での一般報告」刑法雑誌二三巻一＝二号二八七頁をも参照。勿論、自然環境保全法（昭和四七年六月二二日法八五号）・自然公園法（昭和三二年六月一日法一六一号）を代表とする幾つかの法令に含まれる罰則には、環境の保護を目指すものがあることは否定出来ない。然し、それらは、なお限られた原生自然保全地域・自然環境保全地域・国立及び国定公園等を前提とする、或る意味で特殊なものでしかないし、正に「保全」を目的としているものである。文化財保護法（昭和二五年五月三〇日法二一四号）にいう名勝及び天然記念物の保護の為の罰則についても同様のことが云えよう。

(11) 前出・注(2)、BT-Drucksache 8/2382, S. 10.

(12) Vgl. Hans Schmid, Bekämpfung der Umweltkriminalität. Die neuen Tatbestände des 18. StrÄndG, Die Neue Polizei 1980, S. 176.

(13) 西原春夫「『犯罪各論』から『現代刑罰法大系』へ」『現代刑罰法大系』4巻月報1・四頁。

(14) 平野・前出注(10)一七八頁。

(15) 同条例の罰則中、極めて特徴のあるのが、二九条一号に含まれる措置命令（二〇条）違反の罪である。これは、滋賀県内における燐を含む家庭用合成洗剤の販売・供給の禁止等（一八条）に違反した販売業者等に対する県知事の指示（一九条）に更に従わない場合に命じられる「りんを含む家庭用合成洗剤の店頭からの撤去その他必要な措置」（二〇条）に違反する罪で、一〇万円以下の罰金に処せられる。三段構えの行政規制を前提するという極めて慎重な構成を採ったものであるが、燐排出行為ではなく、遡って燐を含有する（家庭用）合成洗剤自体の県内販売業者等による供給・流通自体を、然も、個別的にみれば微小排出源であって従来規制対象外に置かれがちであった対家庭の次元で遮断する、その結果としていわば市民のライフ・スタイルの変更を惹起しようという試みである。法理論的に極めて多くの問題点を含み、また、無燐合成洗剤の定着という逆効果等も生じたことは確かであるが、注目に値しよう。なお、同条例についてのジュリスト七〇八号の特集、特に、「琵琶湖富栄養化防止条例をめぐって」〔座談会〕参照。

二 法益保護論と刑法の機能

立法者は刑事制裁によって何を為すことが許されるのか、或いは、刑事制裁に如何なる任務・機能を割り当て得るのか。この問題の解決への糸口を現代民主主義国家理念に求めたロクシンの見解に拠れば、国家の機能は「国家という結合中に統括された群集に、外部的及び内部的に、彼等の生活上の必要に適った存在の〔為の〕諸条件を創出し、そして、確保することに限定される」のであるから、刑事制裁の目的も「総ての市民の怯やかされることなき共同生活を保障すること」、換言すれば、「生命・身体的完全性・意思活動の自由・所有といったような、短く言えば、所謂法益というような誰もが目にしている多数の価値ある状態」の保護及び「存在の為に不可欠な公的給付の保障」のみに存し得る。(16)「存在の為に不可欠な公的給付」の外延は、変遷し続ける現代社会状況を前提とする社会国家理念等から導かれるものであるが故に、恐らくは本来的に開かれているべきものであろうが、「凡そ既に〝生存の為の〟諸条件に数え入れるべきなのは、良い環境（gesunde Umwelt）である」と云うことは出来よう。(17)即ち、良い環境の保障（乃至、その為の各種公的給付の保障）は、所謂法益の保護とは異なる次元のものであるとしても、正に刑事制裁の正統的目的・任務の範囲内に存することとなる。(18)——ロクシン及びこれに従うミュラー・エムメルトの以上の見解を挙げるまでもなく、所謂「環境の保護」の為に ultima ratio として（であるにせよ）刑事制裁を用いることについて、その正統性を争う者は大局的に見れば最早殆どいない。(19)理論学的興味に主として関する事柄ではあるが、環境、生態系、或いはより細分化して、環境を構成する生態学上の諸々の財を法益と呼ぶことにも原則的障害はないように思われる。(20)刑事制裁の任務は法益の保護のみに存する、という命題の「環境の保護」への適用は可能である。然し、「環境の保護」と其処で云われるときに各々予定される刑事制裁の機能の内実は、法益の捉え方によって実は全くといってよい程異なってくるし、また、それらと、より一般的な意味で通常「環境の保護」が論じられるときに漠然と観念されている刑事制裁の機能とも、改めて考えてみると大きな差異が存し得るように思われる。それが、ロクシン＝ミュラー・エムメルトの見解を手掛りとして、ここで検討してみたい問題である。

さてそこで、上に紹介したロクシン＝ミュラー・エムメルトの見解は、〝生存の為の不可欠の条件としての良い《ゲズント》環境を創出し、確保することは刑事制裁の目的・任務に含まれる〟ということを意味すると解して良いのであろうか。即ち、良い乃至あるべき環境の創出（回復）・確保（維持）の為の国民生活への介入という積極的《アクティーフ》な機能を刑事制裁が果たすことを是認している、と解してよいのであろうか。

ロクシンの「人間の共同社会生活の前提条件」の保護という発想を受け継いだルドルフィーは、[21] 刑法上の諸規範の可能的保護財（法益）の範囲は立法者に対して予め与えられていることを論定する中で、以下のように述べている。「……刑法は、自ら我々の社会的《ゲゼルシャフトリッヒ》諸関係を積極的に変更する為に役立ち得る手段ではない。例えば、環境刑法は、環境上の諸々の財（水・大気等の清浄性）を、それらのしばしば嘆かわしき現状において保護すること、即ち、更なる損害から防御することが出来るだけである。既に損害を被っている環境を改善することは、これに対し、将来的行政の任務である」[22]と。このルドルフィーの見解に端的に示されるように、法益を謂わば現存する（vorhanden）ものとしてのみ捉える場合（そして、刑法の保護機能というものを文字通りに解して強調する場合）には、ロクシン＝ミュラー・エムメルトの見解の上のような解釈に対しては、一応消極的たらざるを得ないように思われる。然し、法益のこのような捉え方には、極めて有力な反対もある。アルミン・カウフマンは、不作為犯論を展開する前提として、命令《ゲボート》の価値論的基礎を概説する中で、以下のように述べていた。「……更に、殆どの命令構成要件の法政策的目的は諸法益の維持《エアハルトウンク》に向けられている……。然し、そのことは、法の財の世界（die Güterwelt des Rechts）が常に、例えば、変更に対してのみ〝保護され〟てさえいればよいところの既に与えられているもの、静的なもの、そして、憩っているもの（Ruhende）である、という結論に至ってはならない。刑罰法規も、存在すべき秩序の形成という任務の為に定立されるのである。例えば、義務教育法の罰則は、個人並びに社会全体にとって不可欠なものと認められる教育状態の惹起を目的とするのである」[23]と。このカウフマンの見解（その詳細の検討は省くが）を引用しつつ、マッテスも云う。「法益の保護の為の諸規範は、将来的事態の惹起にも、それによって法益自体が将来的なものとなることなしに、方向づけられ得る。蓋し、法益というものは、握持可能《グライフバール》な現存するものという意味での〝現実《レアリテート》〟では決してなく、それを度外視して、（生活現実中において存在すべきものを示す限りで）生活現実の構成に関する指導形象を与えるものだからである」[24]と。このような立場からすれば、「法的な社会秩序にとって本質的であるところの現存する或いは獲得努力される状態（例えば、……水の清浄性）」[25]も法益として捉えられるのは勿論であり、法益の保護の名の下で、ロクシン＝ミュラー・エムメルトの見解の上のような解釈を是認することは十分可能であることとなる。

刑法の謙抑性・（消極的）補充性、或いは保護法性についての一般的諒解が（敢えて云えば、刑法の任務は〝法益の保護（のみ）にある〟という、行為無価値論を意識して登場した現代結果無価値論の強い影響下に）確立した今日、また、法益概念への客体性や物的要素・側面の取込の必要性が改めて有力に主張されるに至った今日、カウフマンやマッテスのような法益の捉え方を採り、刑事制裁の積極的・形成《ゲシュタルトウンク》的機能を正面から認めることには、大きな躊躇を覚えざるを得ないであろう。ルドルフィー等のような法益の捉え方の方が、従ってまた、それに基づく機能論の方が、或る意味では明快であり、その限度ではまた正当と云わざるを得ない。然し、この立場は果して完結的なものなのであろうか。別の意味ではなお黙して語らない部分を残しているのではないだろうか。

ヴェルツェル直系のカウフマンの見解と、制度的法益概念の支持[26]等からしても恐らく所謂フライブルク学派[27]的立場に属するものと考えて差し支えないであろうマッテスの見解との一致ということは、それ自体理論学的に興味を惹く現象であるが、此処でルドルフィー等の立場の理解との関連で指摘しておきたいのは、カウフマンとマッテスとの結論的一致に関することではなくして、両者の意図するところの共通性ということである。カウフマンは、先の引用を含む一節において、学童の教育や経済生活の機能等を当然の如く法益の世界に属するものとして論じ(ようとし)ていた。またマッテスは、法益と行政財乃至行政利益との対置の維持不可能性、換言すれば、行政上の所謂保護客体（die Fürsorgeobjekte）の法益としての属性の承認を説く中で、先の立場を示していた。即ち、両者は、従来、所謂行政刑法の対象領域として、ともすれば視野の片隅に追い遣られ、或いは、その外側に置かれがちであった分野をも正面から捉え、そこでの刑事制裁の有し得る積極的・形成的機能をも（勿論、当否は別として）法益保護として説明しているのである。

これに対し、ルドルフィー等が環境刑法—現状維持乃至悪化防止(法益保護)、将来的行政—改善乃至回復という機能配分を行う際、そこでは、環境の改善乃至回復という積極的機能を委ねられた行政（規制）の実効性担保の為の刑事制裁の使用をも不当とするのであろうか。或いは、それについては語っていない、と解すべきなのであろうか。敢えて換言すれば、ルドルフィーの所謂環境行政刑法の機能論ともいうべきものは、必ずしも明らかではないのである。ルドルフィーの論述を文言通り（完結的なものとして）読めば、そのような刑事制裁の使用も許されない、ということになりそうではある。然し、現代社会福祉国家における実態・現実的要求を全く無視することになりかねない、理論が為の所謂行政刑法一般に通ずる主張をルドルフィーが意図して為している、と果して解すべきであろうか。狭く限定された例外に留まらねばならないとしながらも、社会に深く根付かされた価値的確信の侵害やその他の社会的有害行為をも、刑事制裁の対象として認めているルドルフィーである。[28] 私には、環境の改善乃至回復という（彼のいう法益保護の範囲を超える）積極的機能を委ねられた行政（規制）の実効性担保の為の刑事制裁の使用については、語っていない、否むしろ、誰にでも容易に思い到り得る課徴金（die Geldbuße）等の非刑事制裁の使用を踏まえた上で、これを是認する余地を残している、と解する方が自然のように思われるのである。そして、このような態度は、「環境保護の任務は……これら自然的基盤の確保、即ち、維持乃至回復にある」[29]という認識が一般化することを余儀無くされた現在、黙示的な当然の前提として広く存しているようにも思われるのである。[30] 然し、その理論的根拠付け・限界付けは如何なるものとなるのであろうか。

(16) Claus Roxin, Sinn und Grenzen staatlicher Strafe, JuS 1966, S. 381f. (od. in ders., Strafrechtliche Grundlagenprobleme, 1972, S. 12f.)
(17) Adolf Müller-Emmert, Sozialschädlichkeit und Strafbarkeit, GA 1976, S. 301.
(18) 法の目的とは人間であり、人間に仕えることが法の任務である。そこから刑法の中心的・本来的な保護客体は人間でなければならない、ということが導かれる、とするM・マルクスの立場（Vgl. Michael Marx, Zur Definition des Begriffs "Rechtsgut"..., 1972, S. 40）からしても、人間の行為は、人格としての人間が保護されるべきであるならば、それと共に保護されなければならない環境及び同時代の人間達（die Um- und Mitwelt）の中において行われる（a.a.O. SS. 45, 47）のであり、それ故、法の目的は、国家の手段として、人格にその自由な育成を可能とする外的諸条件を創り出し、維持することとなる(a.a.O. S.48)。人間が自由な自己実現・育成の為に用いるところの外的諸条件・対象を法益と呼ぶならば（a.a.O. S. 62）、「環境」も正に法益として捉え得ることになろう。
(19) Europarat: Resolution (77) 28 On the Contribution of Criminal Law to the Protection of the Environment (Adopted by the Committee of Ministers on 28 September 1977, at the 275th Meeting of the Ministers' Deputies) は、その具体的勧告に先立つ前提の一つとして、「この〔環境保護の〕分野において、刑法への依存は最終的手段たるべきではあるが、それにも拘らず、他の方法が遵守されていない場合、若くは、実効性がなく或いは不適切である場合には、刑法の使用が為されね

ばならないことに鑑み」と述べている（但し、同決議文は Klaus Tiedemann, Die Neuordnung des Umweltstrafrechts, 1980, S. 56ff. に拠る）。翌一九七八年の第一〇回国際比較法学会大会での情況については、一般報告である平野・前出注(10)の他、J・ドリエンドル（Johannes Driendl）の報告書（ZStW Bd. 91 (1979) S. 232ff.）を参照。後者によれば、「討論参加者の間には、確かに、ultima ratio としての刑法という定義での一致はあった。然しながら、この命題の具体化は、広く開かれたままに留まった」（a.a.O. S. 234）ということである。一九七九年九月二日の第一二回国際刑法学会決議・セクションII（環境保護）も、「3環境を予防的に保護することが特に重要な領域においては、非刑法的処分が前面に立たねばならない。刑法には、第一に、これらの非刑法的処分、特に行政法上及び民事法上の処分の実施を確保するという任務が属する。その限りにおいて、刑法は補助機能を果たす。然し他面において、重大な環境破壊の場合には、刑法が刑法外の諸規制から独立して介入することも必要である。4実効的環境保護の保障の為には、生命及び健康という法益の保護を超えて、現在のところ少なくとも、水体・大気及び土壌をも独立に刑法によって保護さるべき法益に数え入れることが必要である……」としている（訳出に際しては、Triffterer, Umweltstrafrecht.., S. 290f. のドイツ語訳決議文を基礎とした。Tiedemann, Neuordnung.., S. 54 所掲のドイツ語訳決議文は、これと若干異なっているが、前者の二九〇頁脚注に記載されている諸事情に鑑み、こちらを採った。なお、セクションII（第二分科会）の情況については、決議文の邦語訳を含む中山研一「第二分科会の報告」刑法雑誌二三巻三＝四号三六六頁以下、同「第一二回国際刑法学会に出席して」ジュリスト七〇六号一三〇頁以下の他、J・ヘルマン（Joachim Herrmann）の報告書（ZStW Bd. 92 (1980) S. 1054ff. が詳しい）。【なお、本書二一九頁以下を併せて参照されたい。】

(20)　「環境」概念下に如何なる部門乃至要素まで取り込んで考えるべきか、という問題は勿論更なる検討を要する。以下では、所謂自然環境、殊に、争いなく認められていると思われる水体・大気・土壌等を念頭に論を進める。

(21)　Vgl. z. B. Hans-Joachim Rudolphi, SK. Bd. I, 3. Aufl. 1. Lfg., 1981, Vor. 1 Rdnr. 1; Die verschiedenen Aspekte des Rechtsgutsbegriffs, in Honig-Festschrift, 1970, S. 161/162; Die Beduetung eines Gewissenentscheides für das Strafrecht, in Welzel-Festschrift, 1974, S. 618f.

(22)　Rudolphi, SK. Bd. I, 3. Aufl. 1. Lfg., 1981, Vor. 1 Rdnr. 5 m. N. von Horn, SK. Bd. II, 9. Lfg., 1980, Vor § 324 Rdnr. 3 und Tiedemann, Die Neuordnung des Umweltstrafrechts, 1980, S. 10. なお、「環境財は——他の総ての財と同様に——刑法によっては、勿論、**保護される**のみである。それは、個々の、そして、しばしば正に相対的な現状の維持のみが問題となることを意味する。刑法は、悪化（Schlimmeres）のみを防止せんとするのである。悲しむべき状態の改善とは刑法は関係をもたない。それについては行政のみが配慮すべきである」とするホルンの見解が、ルドルフィーのそれと同旨であることは疑う余地がないが、両者が共に参照を求めるティーデマンの見解も、即ち、「環境刑法は〔従ってまた〔第一六次刑法一部改正法〕草案も〕、環境概念を全く制限的に、人間の自然的生活基盤という意味において理解し、〔その機能を、〕環境政策及び環境行政法の中において〔それらの〕形成的任務を通じて一つの包括的環境保護へと補完されるところの、確保的及び維持的危険防止に制限している」という見解も同様に解すべきであるか否かは、必ずしも明かではない。法益と行政財乃至行政利益との関係、刑事刑法と行政刑法との関係については以下に述べるマッテスの立場に近いことをも考えると、少しくニュアンスを異にするもののように思われる。

(23) Armin Kaufmann, Die Dogmatik der Unterlassungsdelikte, 1959, S. 1f. Vgl. auch ders., Lebendiges und Totes in Bindings Normentheorie.., 1954, S.71.
(24) Heinz (und Herta) Mattes, Untersuchungen zur Lehre von den Ordnungswidrigkeiten. 2. Halbbd. Geltendes Recht und Kritik (Strafrecht und Kriminologie Bd. 2/2), 1982, S. 147 mit Anm. 87; Vgl. auch S. 146 Anm. 84.
(25) Mattes, a.a.O., S. 146 Anm. 83.
(26) Mattes, a.a.O., S. 145 Anm. 78.
(27) 拙著『法益概念史研究』一六五頁以下及び二七六頁以下参照。
(28) Vgl. Rudolphi, SK Bd. I, 3. Aufl. 1. Lfg., 1981, Vor. 1 Rdnr. 11 und 11a.
(29) Triffterer, Umweltstrafrecht.., S. 75（傍点筆者）
(30) この環境法と刑法の機能論の問題に答えようとしていたものの一つに、Kriminalisierung der Umweltstörung. Ein Diskussionsentwurf der Arbeitsgemeinschaft Sozialdemokratischer Juristen (ASJ), ZRP 1972, S. 76ff. がある。そこに示された指導理念の第五は、その冒頭で、以下のように述べている。「環境刑法は、刑法の手段を以って、環境法の本質的規制の厳守(die Einhaltung) を強制する、という任務を有する。それは、抑止的或いは予防的禁止規範（監視法・Überwachungsrecht）の執行に奉仕する―が、環境法の他の側面、特に、計画法（das Planungsrecht）に対する直接的結び付きを有しない」(a.a.O. S.77 傍点筆者)と。これが何処から導出されてきた理念であるかは、Diskussionsentwurf 自体からは必ずしも明らかではないが、レービンダーと共に起草の中核となったフリーリングハウスは、別の論稿で以下のように述べている。「……環境法は、同時に、人間の介入により既に生ぜしめられている環境上の損害の除去に奉仕する。〔原文改行〕最も苛酷なリアクションとして、法共同体が、刑法上の効果を予告している限りでは、相当な制裁手段を以って補充的に本質的な抑止的或いは予防的禁止規範を執行し、社会的に有害な行態方法を取り締る、という目標をもった憲法上の社会国家原理の具体化が、通常、問題となっている」(Volker

Frielinghaus, Überlegung zu Funktion und Gestaltung des Strafrechts im Bereich des Umweltschutzes, Umwelt 2/1972, S.14 傍点は原文ではイタリック体）と。即ち、社会国家原理乃至社会的法治国家原理から、Diskussionsentwurf は上のような刑事制裁への原則的機能配分を行っている。然し、それが「計画法に対する直接的結び付きを有しない（keine unmittelbare Verbindung)」という一種の留保を伴ったものであることを、我々は看過し得ない。間接的結び付きを認めている、少なくとも、認める余地を残している、と解するのは正に自然であろう。そして、社会的法治国家原理から刑法の任務を危険防止に限定しようとするのはルドルフィーの立場でもあることは、周知の通りである（Vgl. z.B. Rudolphi, SK Bd. I, Vor. 1 Rdnr. 1.)。

三　行政規制における刑法の機能

以上で西ドイツの学者の見解を借りて論じてきた現象は、ほぼそのまま我国の場合にも該て嵌まり得るように思われる。もっとも、従前の環境保護乃至公害防止の為の刑罰発動の態様等を巡る議論においては、機能論自体が保護客体の範囲の問題を中核とした狭い領域に限られていた、即ち、上で論じて来たような問題については我国では未だ明確な傾向を看取することは出来ない、という印象を拭い去れないのも事実である。然し、例えば、環境刑法を経済刑法の一部門として捉えんとする傾向の世界的にも存することを思い併せると一層興味深いことであるが、「刑法による経済活動のコントロール」という問題に対する結論の中で、芝原教授は、正に先のルドルフィーの見解を想起させるようなそれを既に述べられていたのである。「……刑事制裁には経済構造全体を或る経済政策にもとづいた一定の目的に向って変化させていく力はない。現在の違反行為を停止させ、経済構造を将来に向って積極的に変化させる手段としては、停止命令・解散命令等の衡平法上の救済手段こそのぞましい」[31]と。然し、（或いは、そして、）教授の問題意識・論理展開を辿るとき、そこでは刑事制裁が経済法の領域において積極的・形成的機能を果すこと自体の正統性は当然に前提とされていることが明らかとなる。即ち、教授は以下のように述べられている。「そもそも経済法規違反行為の処罰は、伝統的財産犯罪の処罰とは異なり、国家が個人の経済活動に直接干渉するために立法された経済法の執行を確保する手段なのであるから、そこには本質的に anticipation の機能が前提とされているのである[32]」「一般論としての刑法の社会的機能は anticipation よりむしろ implementation の点にあるといえよう。しかし、経済法の特徴はその anticipation としての性格にあるといえる。したがって、問題は anticipation をその特徴とする経済法規の執行のために、本来は implementation の性格の強い刑事制裁がどこまで anticipation の機能を発揮できるかという点にある[33]」「刑事制裁に anticipation の機能があるとしても、それは経済構造全体を或る経済政策にもとづいた一定の目的に向って変化させるほど強力なものではない。しかし、……政府が一定の経済政策にそって価格協定やボイコット等の限られた類型で、しかもその外延が明確で、少なくともある社会集団はそれを反社会的なものとみなしている性質の行為類型を選び出し、それに対して確実な処罰を反覆すれば、それらの行為に対する社会的に統一した価値評価を形成することを助長し、人々の行動のパターンをその基準に従うように変えていくことができよう[34]」と。

環境（保護）法の特徴・任務が自然的基盤の確保、即ち、維持乃至回復にある、と捉え得るならば、上と同様の論理展開を環境行政法規の執行の為の刑事制裁に関して為すことも可能であろう。ちなみに、教授は、所謂公害罪法の成立に関連して、望ましい刑事制裁の行使につき、公害に対する一般の問題意識の高まりを背景とした、そして、構成要件の明確性の要請を能く充足する各種排出基準違反行為自体を行政犯から刑事犯の類型へと捉え直すことを前提とした立法論を述べるに際しても、上の見解の参照を求めつつ同旨を説かれ、「法執行をとおして『行政犯の刑事犯化』が達成されなければならない[35]」とされ、更に「このような立法論はさておき、現実に可能な手段としては、現行の公害防止に関連する行政法規中に存在するあらゆる処罰規定をたとえ法定刑は軽くても最大限活用し、全国的に厳格な罰則の適用を徹底することが必要である」[35]とも明言されるのである。ここにいう環境行政刑法としての刑事制裁の活用による一定の政策目的（環境の改善乃至回復）に向けた国民の行動パターンの変更という積極的・形成的機能は、強調されぬまでも、少なくとも是認せざるを得ないこととなろう。然し、それは一体如何なる理論（学）的根拠付けに基づくものとなるのであろうか。単に環境法の性質論乃至本質論を援用するだけでは足りないであろう。そして、実効性等の事実的であると同時に評価的でもあり得るもののみならず、如何なる理論（学）的歯止めを積極的・形成的機能の範囲について有し得るものなのであろうか。

「環境の保護」の為の刑事制裁の発動形態として、行政規制の実効性の担保というものを支持する論者は、我国にも相当多いと思われる。[36]然し、担保されるべき行政規制の性質を、機能論との関連において、例えば西ドイツのＡＳＪ草案のように、[37]限定しようとする気配は稀薄である。他に必要とされる要件については一先ず措くとして、行政規制を前提とする形式を採れば、或いは、所謂環境行政刑法であるならば、刑事制裁に積極的・形成的機能を果させても構わない、というのであろうか。一般論として「法定犯の自然犯への転化を容易にみとめる」のが通説であり、[38]それが刑事制裁による「新しい道徳感情」[39]の形成を是認するものであるとすれば、この問いは肯定されざるを得ないようにも思われる。然し、そうであるとするならば、それは、刑法の人倫形成力（die sittenbildende Kraft）を本質的なものとし、積極的・形成的機能を一般的に肯定する所謂行為無価値論の立場を、少なくとも所謂行政刑法の分野において、正面から認めるに等しいこととなろう。現在の我国では、そこまで踏み切ることの出来る論者は、さ程多くはなかろう。否むしろ、少ない、といって差し支えないであろう。反面、現代の行政作用の性質を考えるとき、それを担保する所謂行政刑法が積極的・形成的機能を有することを全面的に不当と云い切る論者も、また少ないであろう。それならば、何処に理論（学）的限界が設定されるのであろうか。そして、そもそも如何にして積極的・形成的機能を根拠付け得るのであろうか。

(31) 芝原邦爾「刑法による経済活動のコントロール――米連邦反トラスト法違反を素材として」同『刑法の社会的機能』二五頁以下、八二頁。
(32) 芝原・前出注(31)六四頁。
(33) 芝原・前出注(31)六八頁注(17)。
(34) 芝原・前出注(31)六五、六六頁。
(35) 芝原邦爾「公害犯罪処罰法の問題点」同『刑法の社会的機能』一一三頁以下、一三〇頁。
(36) 例えば、佐伯千仭「改正刑法草案について」同『刑法改正の総括的批判』一九〇頁、同「改正刑法草案の問題点」同『刑法改正の総括的批判』二一六頁、垣口克彦「公害犯罪立法問題に関する一考察－改正刑法草案における公害犯罪の新設について」阪南論集社会科学編一八巻四号四八頁等がそうなろう。
(37) 前出注(30)参照。
(38) 福田平『行政刑法〔新版〕』三八頁。
(39) 佐伯千仭「経済犯罪の理論」大隅健一郎＝佐伯千仭編『新法学の課題－国防国家と法秩序』二五三頁以下、二九三頁。福田・前掲書は、通説の説明の為の例として、この佐伯博士の見解を挙げている。

四　刑法の規範形成機能

凡そ刑事制裁を用いる以上、その正統的範囲、従ってまた限界を、刑事刑法か行政刑法かというような或る意味で観念的な区別にかかわりなく、刑事制裁の任務論乃至機能論等から可能な限り統一的且つ実質的に説明しよう、ということは、私見のみならず、近時の理論、殊に実質的不法論が黙示的にせよ前提とし、或いは追求してきた姿勢である。少なくとも、法益の侵害又は危殆化を処罰根拠とする所謂結果無価値論の側には、この姿勢を明確に看取することが出来る。[39a] 然し、法益概念を、歴史的経緯や理論学上予定されるべき機能をも踏まえつつ、実質化し堅固なものにしてゆこうとすればする程、この試みが困難となる、或いは、不可能化することは、近時の法益（概念）論の展開の示すところであり、「環境の保護」について上に述べてきたところでは、それは特に象徴的となるのである。[39b] 然らば、所謂行為無価値論的立場が採られるべきなのであろうか。

ヴォルフガング・シルドは、『刑事刑法による環境保護』[40]と題する論文において、刑事刑法による実効的環境保護の保障の為の一般的な理論的前提として、伝統的な刑法上の諸原理との対比における〝現代（modern）〟刑法の諸原理を展開したが、その第一の原理である社会的法治国家（平等性）原理から刑法の形成的機能・人倫形成機能を認めている。即ち、シルドによれば、現代社会においては、自由の実現の為には、先ず第一に、自律的自己実現の等しい可能性が存在し且つ保障されているという意味での平等性が必要である。「法及び国家は、この自由の為の平等な基礎を創出すべきである。国家は、法をこの目標の達成の為の手段として配置する社会国家 — より正しくは〝社会的法治国家〟（何故なら、それは〔伝統的刑法の要請する〕法治国的な諸々の保障を不可避的に受け継ぐから） — と成る。法の可能的諸機能の研究は突然有望なものとなり、法の形成的作用を捉え体系化するところの法の〝機能論〟さえ可能となる。法は明確に政策の道具として登場し、この政治的地平においてのみ概念され得る。〔原文改行〕然しながら、法は純然たる価値中立的道具となるのではなく、……正義に貢献する手段として現われる。人倫への結び付きは廃棄されるのではなく、ただ新な光の中に現われるに過ぎない。蓋し、法は前法的人倫を頼りにすることは出来ず、自ら人倫の基礎付けに共働《ミットヴィルケン》せねばならないからである。法は、人間を育成し、社会化することにおいて〝人倫形成力〟を行使せねばならない。……刑法はそこにおいて極めて重大な（überragend）意義を獲得するであろう。何故なら、〝人倫的ミニマム〟としての従来からの性格付けが実りあるものとされ得るからである。[41]」シルドは、刑事刑法と行政刑法とを一応区別した上で論じてはいる。が、両者の間には量的相違しか認めない。[42]とすれば、行政刑法についても上と同様の見解を採ることとなろう。……然し、この見解に躊躇うことなく賛同出来る論者はどの位いるであろうか。

刑事制裁に積極的・形成的機能を有せしめる余地を理論（学）上も凡そ認めるべきではない、という立場を採ること、或いは、そのように割り切ることは、私には出来ない。そして、その積極的・形成的機能は、アルミン・カウフマンやマッテスのように、法益概念を謂わば弛めて、法益の保護という枠組の内で説明・正統化すべきものではない。我々は、法益概念を実質化された堅固なものとして維持しつつ、或いは、維持すべきであるが故に、より大きな枠組を考えねばならない。従来観念されてきたであろうところの所謂行為無価値論からの立場、そこでいう人倫形成機能を含んだ意味での行為価値の保持乃至社会倫理秩序の維持・確立という枠組も、「環境の保護」という新な領域等に鑑みると、必ずしも適当ではない、否むしろ、不適当といい得るであろう。蓋し、そこには保持乃至維持されるべき、少なくとも社会構成員の一部の間で妥当している確立した行為価値・社会倫理は存しない場合が多いからである。例えば、(水質を改善する為に)合成洗剤を使うべきではない、というような社会倫理は未だ確立していないであろう。シルドがいうように、刑法自体がルールを定立するのに共働せねばならないのである。とすれば、自ら定立したルールの正統化規準を刑法自体に有せしめることが妥当でない以上、最終的には、最高法規乃至秩序としての憲法乃至憲法秩序に示される全国家作用の前提となる価値判断・諸原則にそれを求める他はない。然し、ルドルフィー、ASJ草案、そしてシルドが正当にも同じく社会的法治国原理に依拠しつつ結論を異にしていることに象徴されるように、憲法上の諸原則の内容把握・序列や価値序列の理解も必ずしも一定ではない。[43a]私にはシルド的理解が、方向として、今後一層要求されてくると思われるが、いうまでもなく、その場合でも、「環境の保護」によって得られるであろう平等性の享受主体と形成的機能によって自由を制限される主体とが共時的ではないことと比例原則の適用方法の問題等々を含め、それをより精密化し、憲法秩序の如何なる段階・側面ならば刑事制裁に担保された新なルールの挿入が（少なくとも理論的に）許されるのか、ということの規準を定立することは、未だ殆ど白紙のままに残されている。……それは、「環境の保護」の手段としての刑法の機能を考えることによって再確認された私にとって馴染の課題である。

従来も（行政）刑事立法の限界について、種々の視座から議論が行われてきた[43b]。本稿が、形成的機能の（理論的）正統化・限界付けの必要性という機能論からする一個の問題提起たり得れば幸いである。

(39a)　例えば、最近のものとして、特に、名和鉄郎「不作為犯の現代的課題―行政刑法批判の一視角」静岡大学法経研究三一巻一・二号七三頁以下、九〇頁参照。

(39b)　なお、神山敏雄（訳）「（講演）ギュンター・カイザー　今日の刑事政策における犯罪化と非犯罪化」ジュリスト八一二号一〇一頁以下、特に一〇六頁以下参照。

(40)　Wolfgang Schild, Umweltschutz durch Kriminalstrafrecht?, JBl 1979, S. 12ff. なお、この論文と同旨を要約的に示したものとして、ders., Probleme des Umweltstrafrechts, Jura 1979, S. 421ff. もある。

(41)　Schild, a.a.O. S. 16 (link).

(42)　Vgl. Schild, a.a.O. S. 13 (link). なお、目的の重要性・社会関連性の程度の相違を続けて論ずるが、それは環境保護の為の罰則の刑法典への取り込みを正統化する為に為されているに過ぎない。

(43a)　例えば、松浦寛訳「ラインハルト・ノイマン　環境保全とボン基本法」阪大法学一〇号一二一頁以下参照。

(43b)　要約として、田中利幸「行政と刑事制裁」雄川＝塩野＝園部編『現代行政法大系2行政過程』二六三頁以下、二七一頁以下参照。

第二章　環境刑法における保護法益と保護の態様

一　序　論

「法は人間の生活利益をまもるために存在する」[1]、「現在の価値観と現行憲法の基本原理・構造のもとで刑法が優先的に保護すべきものは、個人の尊厳の基礎である、生命・身体・自由・財産などの個人的法益なのである」[2]、そこからすれば「現代の社会が発生させた新しい問題に対する……刑法の機能の拡大を認めうる場合は、原則として人の生命・身体・自由の保護を拡充するときであるということから出発すべきであろう。たとえば、公害罪（人の健康に係る公害犯罪の処罰に関する法律〔昭四五法一四二号〕）の新設が、その規定の内容に疑問の余地が残されているにしても、なお一応の意義を持っているのは、人の生命・身体を保護しようとしているからである。が、それにしても、公害の問題が公害罪の新設によって有効に解決されつくすわけではない。そこに刑法の機能の限界もあらわれているのである」[3]。この内藤教授の立場からすれば——それは一〇年余り前に表明されたものではあるが——、環境のそれ自体としての保護或いは環境それ自体の為の保護は、「環境」という概念の内実規定を一先ず措くとしても、恐らく既に「刑法の機能」たり得ないものであろう。[4]現代における科学技術等の著しい発展が生んだ所謂危険社会（die Risikogesellschaft）における予防的・積極的な危険管理＝社会統制（社会制御）への要求の肥大化の中にあって、この個人を中核においた自由主義的・法治国的刑法観が、その存在意義を一層増大させていることも否定できない。人・物・資本・情報等の国際的移動の一層の容易化・頻繁化・大量化と近時の国際政治・経済状況の激しい変動に伴うその逸脱化・無秩序化等とにより（一国家の枠を超えて）謂わば規模の拡大し続けている現代危険社会における刑事政策決定にとって、過剰な犯罪化の阻止ないし非犯罪化の促進という視点の有する実践的或いは戦略的意義は繰り返し確認される必要がある。(5)……しかしながら、本稿執筆時における正に「現在の価値観と現行憲法の基本原理・構造」の下では、内藤教授の謂わばアプリオリに出発点とされた「法は人間の生活利益をまもるために存在する」という命題、明確化の為に若干表現を変更すれば、「法は人間の生活利益をまもるためだけに存在する」という命題は、もはや唯一成立し得るようなものではなくなっているのではないであろうか。換言すれば、本稿執筆時における正に「現在の価値観と現行憲法の基本原理・構造」は、教授のかつて理解されたものと同一のものに留まっているのであろうか、或いは、同一のものとして捉えるべきものであろうか。勿論、筆者は、軽々に憲法の変遷というようなことをいおうとするものではないし、内藤教授の確定された範囲での「現在の価値観と現行憲法の基本原理・構造」自体が基本的に変動した、置換されたといおうとするものでもない。それに（矛盾することなく）付け加わった（と確実に認めて良い）ものがあるのではないか、ということを素朴に問おうとしているだけである。しかるときには、例えば、個別種的或いは生態系的動植物保護やその為の各種環境媒体・景観保全等々を端的に目標とした国内及び国際レヴェルにおける環境保護要求・運動の確立・展開、それを反映した様々な国内法的・国際法的規範制度の形成・発展に鑑みても、少なくとも、「法は環境自体をまもるためにも存在する」というもう一つの同格の命題が成立し得るだけの〈価値観と現行憲法秩序の構造の拡大〉が既に存していると見るべきである、態度決定すべきであると筆者には思われるのである。(6) 勿論、その上で、ここで見落とされてならないのは、そのもう一つの命題が直接に「刑法」についても妥当するのか、妥当するとしても刑法的環境保護が具体的に如何なる態様を採るべきか等々が更なる問題として留まる、ということである。即ち、筆者はかつて以下のように述べたことがある。「人の生命・身体・財産等の保護に関連づけられない乃至は還元し得ない、或いは、関連・還元し得たとしても余りに遠すぎるものであっても、或いは、法益の要件としての因果的変更可能性を充足しないものであっても、諸々の条件を満たしさえすれば、場合によっては、刑法的に保護せねばならないことがある、というのが私の立場であるが、そこには、例えば現在学習を進めている所謂環境刑法に関していえば、人に対峙し、従属し、征服・利用されるものとしての（従って、人間の保護に還元すれば足りた）自然環境・生態系という観点から、人がその一部として属し、共に変化し、その恩恵を他の構成員（将来的構成員をも含み）と共に享受するものとしての（従って、それ自体の保護も考えねばならないことがある）自然環境・生態系という観点への憲法的価値秩序の解釈変えが［前提として―筆者注］存することも……強調しておくべきであろう。また、人の生命・身体・財産等への関連づけ・還元は、極めて広範囲のものを包含すべく稀釈化することが可能であるが、どの程度までが、現実的な社会的要求を充足しつつ、論者の期待するような制限的機能を果たし得るものであるかも、逆に検討されるべきことのように思われる(7)」と。内藤教授の古稀をお祝い申し上げるに際し、この自ら提起した課題について、ドイツでの議論を参考にしつつ、若干論じてみることとしたい。

(1)　内藤謙『刑法講義総論(上)』(一九八三年)二一二頁。いうまでもなく、内藤教授がその概念的明確化に多大な貢献をされた刑法の保護客体、即ち、法益の概念を説明する中で述べられた言明である。
(2)　内藤・前出注(1)一五二頁。なお、ここで内藤教授のいわれる「刑法の機能」の意義については、念の為、同書四四頁＊を参照されたい。「刑法の任務の観点からみた、刑法の果たすべきはたらき、ないし作用」、「顕在的な」即ち「本来の公然たる……

意図的・意識的な『機能』」の意味であり、『刑法の目的』とほぼ同じ意味である」とされる。本稿でも、原則として、この用語法に従うが、「刑法の任務」と表現する場合もある。

(3) 内藤・前出注(1)五九頁。

(4) 内藤謙「法益論の一考察」『団藤重光博士古稀祝賀論文集第三巻』(一九八四年)二五頁参照。そこでは、環境の刑法的保護を、「不特定・多数人の健康およびその健康と結びつく生活環境という保護『法益』に対する侵害の危険」の防止として捉えようとしておられる。

(5) 一九七〇年代からの極左テロ集団の残滓、八〇年代からのイタリア・マフィアや香港シンジケートの侵入・定着とそれに伴う各種組織犯罪の急増、九〇年代に入っての旧ソヴィエト及び東ヨーロッパ社会主義諸国の崩壊・動揺や旧東ドイツとの再統一等の影響により生み出され続けている極右・ネオナチ犯罪を含む多面的な社会不安、また、ヨーロッパ統合・同経済圏内自由交通等に向けて予想されるそれらの増幅と新たな事態等を前に、部外者の目からすれば驚くべき刑事制裁使用への依存傾向の看取される現時点のドイツにおいて、同様な観点から改めて非犯罪化の途を主張する動きがあるのも極めて象徴的である。所謂刑法の機能主義化・象徴立法化に批判的分析を加えて来たフランクフルト大のハッセマー等の立場は我が国でも周知のところであるが(例えば、ヴィンフリート・ハッセマー(堀内捷三編訳)『現代刑法体系の基礎理論』(一九九一年)等参照)、一九九二年一一月には、ハッセマー等も参加して、第三回 “Alternativer Juristinnen -und Juristentag” が “Aufbruch zur Reform des Strafrecht” をテーマに開催され、様々な側面における非犯罪化の可能性が議論された。そのプログラムは NStZ 1992, Heft 11, S. II に見ることが出来る。

(6) この関連で示唆に富むのは、現時点(一九九二年一二月中旬)におけるドイツの基本法改正論議である。一九九〇年の所謂東西ドイツ統一条約に従い、(旧西ドイツ)基本法を統一ドイツにふさわしいものに改正・補完すべく設置された基本法委員会では、その国家目的規定を巡る議論において連合与党の中心であるCDU/CSUと野党第一党SPDが対立し、唯一「環境保護」を取り込むことで九二年一一月に合意が成立した。起案された規定は “Die naturlichen Lebensgrundlagen stehen im Rahmen der verfassungsmäßigen Ordnung unter dem Schutz des Staates” というもので、これは一二月一七日に決定される予定であった。ところが、この規定案に対して、CDU/CSU内部及びCDU主導のバイエルン州政府から「法律の留保が一義的に規定されておらず、また、人間中心主義的(anthropozentrisch)世界観が十分に強調されていない」という批判が提起され、一二月一七日の委員会は延期となった(Vgl. Süddeutsche Zeitung Nr. 264 (14/15.11.1992) S. 6 und Nr. 284 (9.12.1992) S. 5.)。「Die naturlichen Lebensgrundlagen」という表現は、「環境自体の保護」を主張するSPDの基本的立場からしても、一般的用語法からしても、謂わば生態学的保護の観点に（近いところに）立つと解されるものであるが、それは、（この問題の関連においては間違いなく）産業界の利益を代表するＣＤＵ／ＣＳＵには到底受け入れ難いものなのである。刑法に限らず、他の法領域、従って、法治主義原理の下においては行政活動における環境保護への連邦政府・州政府の基本法上の義務付けをも拒否する為に用いられているのが、「人間中心主義的（anthropozentrisch）世界観」であり、内藤教授の基本的立場は、我が国においても蓋然性のあるそのような濫用（？）を阻止できないのである。それ故、態度決定が必要とされるのである。

〔追記１〕　基本法への国家目的としての「環境保護」の盛り込みについては、その後も論争が続いている。即ち、一九九三年一月一五日には、環境保護を繰り返し公約していた以上は最早後戻りは出来ないということで、ＣＤＵも、憲法委員会レヴェルでは従前の異議を取り下げ、上述の規定案に同意した旨、新聞報道されたが（Vgl. Süddeutsche Zeitung Nr. 12 (16/17.01.1993) S. 6)、これに対しては、直ちにバイエルン州内務大臣・ＣＳＵ副党首エドムント・シュトイバーから、ＣＤＵ／ＣＳＵのフラクション代表ヴォルフガング・ショイブレも同意見であるとしつつ、環境保護に憲法レヴェルでの重要性を付与することにはあくまで反対であり、法律レヴェルでのランクのみを認めるべきである旨の異論が提起され（Vgl. Süddeutsche Zeitung Nr. 13 (18. 01.1993)S. 2)、未だ決着がついていない。

〔追記２〕　憲法委員会は、その活動期間の終了する直前、一九九三年七月一日に、基本法への国家目的としての「環境保護」の盛り込みについて、合意をみた。もっとも、規定案は、六月一八日にＳＰＤのハンス＝ヨーヘン・ヴォーゲルが妥協の為に提出したものであって、さしさわりのないことを述べるものに過ぎない（Vgl. Süddeutsche Zeitung Nr. 138 (19/20.06.1993) S. 5, Nr. 149 (02.07.1993) S. 2 und Nr. 150 (03/04.07.1993) S.10.)。

【追記３】　なお、本書一二三頁註(9)及び同註の付された本文を含む一節を参照されたい。

(7)　伊東研祐「『法益概念史研究』補遺——更なる議論の為に」金沢法学二九巻一＝二合併号（一九八七年）九六頁。

二　人格的ないし人間中心主義的法益構成と、その批判的考察

一九九〇年、ドイツ環境刑法（刑法典二八章）改正作業の進む中にあって、改めてその保護法益を再検討しようという動きへの契機の一を形成したともいえる論稿において、レンギアは以下のように述べていた。「環境刑法の法益

(Umweltstrafrechtsgüter) の純粋に人間中心主義的 (anthropozentrisch) 規定も考え得る。しかしながら、この見解の支持者を最早見出すことは出来ない」[8]と。勿論、それは、そのような見解の典型としての一九七一年の所謂対案の見解を紹介した後に[9]、「高まった環境意識は、人々がこの純粋に個人権利的 (individualrechtlich) 考察方法から離れ、環境財を超個人的法益 (Universalrechtsgüter) として承認することへと導いたのであった。しかしながら、現行の環境刑法も強度に個人権利的な構成要素を含んでいるという事実は変わることなく留まる」[8]ということを強調し、現行環境刑法の法益を各本条毎に把握する (統一的把握を断念する) 自説の展開への視点の一を示す為に述べられたものであった。その意味では、人間中心主義的法益概念規定の支持者は最早いないという論定の誤っている方が、レンギアにとっては好都合ともいい得る訳であり、執筆時期との関連もあったのであろうが、客観的に見れば、その論定は誤ってもいたのであった。現代の刑法 (政策 (学) 及び理論学) の機能主義化・アウトプット志向の中にあって「機能主義の彼方」を目指し、その指導的役割を改めて法益論に果たさせようとするハッセマーの見解は、既に一九八九年に示されていたからである[10][11]。

もっとも、ハッセマーの人間中心主義的法益概念規定——ハッセマー自身の表現に拠れば、人格的 (personal) 法益論——は、環境刑法をも明らかに射程内に含むものの、それを主眼として解釈論的に展開されているものではないし、学説史的に見ればオリジナルな見解でもない。それは、既述のような近時のドイツにおける刑事立法・刑事政策の全体状況とその刑法理論学への影響[12]とを踏まえ、非—機能主義的な法の根拠付け・正しい法の尺度を「人格」に求めた師アルトゥール・カウフマンの見解に依拠して展開されたものであり[13]、既に同門のミヒャエル・マルクス等が先駆的に主張していたところを継受しようとするものである[14]。筆者は既にマルクスの法益概念について紹介し、批判的に分析したことがあるが[15]、ハッセマーの人格的法益論の基本的視座に対しても尚それと同様の評価・批判を為し得ると思われるので、詳細はその参照に委ね、省略することが許されよう。ここでは、かつてのハッセマー自身の見解[16]との関連と環境刑法における帰結とを中心に幾つかの点についてのみ述べておくこととしたい。

先ず第一に指摘されるべきと思われる点は、ハッセマーが何故今になって「法益とは、刑法的に保護を要する人間の利益（strafrechtlich schutzbedürftige menschliche Interessen）である[17]」というような謂わば内実稀薄な漠然とした定義を改めて提示したか、その意図するところの高度の政策性・状況被制約性ということである。彼にとって、法益論の課題は、かつても今も[18]、その学説史的濫觴から一貫して認められるとされた刑法体系批判的－非犯罪化的能力を（一定の諦観を伴いながらも）法益概念に保持せしめることである。確かに、上述の定義には、法益の前実定（刑法）性、従って、一応の刑法体系批判的能力は盛り込まれている。しかし、自らもいうように、「当罰性（Strafwürdigkeit）に関する刑事政策的判断がそこから演繹される程には詳細な条件を盛り込んで規定されている（voraussetzungsvoll）ものではない[19]」。筆者もまた、そこまで所謂総論的法益概念規定[20]によって可能であると考えるほどの楽観主義者ではないが、ハッセマーは、「それは、法益の概念に期待されてもならない。［何故ならば、］第一に、法益概念の価値は――『責任原理』や『in dubio pro libertate』のような他の法的な基本概念の価値と同様に――、……法的論争において一定の主張方向……を支持することにあるからであり、第二に、法益概念は、刑事立法者の裁量判断を許す為に必要な限度で開かれていなければならないからである[21]」と言い切ってしまうのである。このような論理的「枠組論[20]」を改めて主張せざるを得ない程、ハッセマーのいうように現時点のドイツ刑事法学そして刑事実務が機能主義化しているとすれば、或いは、機能主義化を止むなくする社会状況が存在しているとすれば、それは悲劇的であり、国内及び国際社会的要請や理論学的問題性を無視しても一定の態度決定をする必要があるであろう。しかし、少なくとも我が国の現状に鑑みれば、再びそこに立ち戻って学ぶべき必要性は未ださほど高いものとは思われない。のみならず、「諸法益の文脈的関連《コンテクストベツーク》、社会的価値体験との符合を解明しようとする法益論は、それ故、ある社会において何が犯罪と考えられるのかということを一般的に問わなければならない。この問いかけによって、法益論は同時に、人間の行態を社会的に望まれないものと為す諸要素を示す。この諸要素の下に、刑法上の法益の発生・変更及び排除にとって直接的意義を有する部分類《タイルクラッセ》が、恐らく隠棲している」というハッセマーの視座[22]の延長線上に、アプリオリに「人格」を志向した人格的法益論が果たして位置し得るのであろうか。このような視座からすれば、特に、基本法の国家目的規定に環境保護が取り込まれようとさえしている現在のドイツにおいては[23]、少なくとも環境そのものの法益化の社会的基盤が認められることを否定できないからである[24]。そして、ハッセマーが機能主義化の阻止という政策的意図からこれを否定した論理も、ある意味で唐突であり、循環論法的である。「刑法のビジネス(Geschäft)は、最終的には、一般的な安全確保や社会的な損害軽減ではなく、ある人格への犯罪行為の帰責であり、従って、――常に社会的でもある――問題の個別化だからである。高度の社会的な濃密化(Verdichtung)の時代は、刑法においては人格的に志向した理論の時代である[25]」と、彼はいうに過ぎない。

さて、ハッセマーの人格的法益論の立場に拠れば、「環境刑法における法益は、それ自体の為に保護される環境ではなく、人間の健康上及び生存上の必要の媒体としてのみの環境である[26]」、或いは、「人間の諸々の生活条件の集合(Ensemble)としてのみの環境であり、その固有の価値における純粋な水や清浄な空気ではない[27]」ということになる。しかし、ある意味で不可解なのは、ここでは環境が、謂わば最終的なもの・真正なものでないにせよ、既に所謂「法益」と表現されていることである。水体や大気それ自体としての保護価値を認めないことは明示されているから、この見解が、後述する環境刑法の法益に関する所謂生態学的―人間中心主義的(ökologisch-anthropozentrisch)見解でないことは確かである。人間の生命・健康等の(ハッセマーにとって最終的な或いは真正の)法益と、この環境という法益との関係を如何に捉えるべきであろうか。現行法を解釈する為の止むを得ないテクニックなのであるかもしれないが、環境を所謂中間法益（Mittel- od. Zwischenrechtsgut）的なものとして捉えていると解する他は無いであろう。しかし、そのような構成・観念は、一方で、規範の目的と（最終的な或いは真正の）法益とを混同するものであり、また、他方で、規範の保護客体を示すものとしての法益概念を弛緩させ、濫用するものといわねばならない。ドイツ及び我が国の法益概念の理論学上並びに解釈論上の一般的用法に、歴史的に見ても、現時点においても、馴染むものとも思われない。むしろ、ハッセマーの立場を一貫すれば、環境刑法の法益も人の生命・身体・健康等の個人的法益であるというべきであり、従って、現行ドイツ刑法典二八章は人の生命・身体・健康等に対する抽象的危殆化犯と解釈されるべきことになるであろう。(28) しかしながら、現代ドイツの刑事政策・刑事法学の危険な展開傾向に人格的法益論をもって歯止めを掛けようとするハッセマーにとって、この解釈論も当然ながら積極的に主張し得るものではない。なぜなら、環境刑法領域を含めた抽象的危殆化犯の多用と象徴刑事立法こそが、その危険な展開傾向における具体的手法だからである。(29) ハッセマーに残された途は、恐らく（人間の諸々の生活条件の集合としてであるにせよ）環境の「刑法」的保護の断念を主張することであろうが、(30) 彼は、「環境刑法の法益を、例えば、人間の生命及び健康に見るならば、刑法三二四条以下に規定された殆どの構成要件を行政的不法（Verwaltungsunrecht）として特徴付けるであろう。……現実に、――刑法のこの領域における執行上の赤字・欠陥に際して――この財の保護は刑法の外部においての方がより良く為されるのではないかという疑いが徐々に広まっているのである。人格的法益論は、そのような認識により早く立ち到ることを助け得たであろう。しかし、そのような理論は、現時点においては、全く支持される状況にない(31)」と述べるのみである。しかも、この一種の提言は、筆者の目からすれば、およそ建設的とも思われない。刑法による環境保護の不適格性を認め得るような執行上の赤字があるとして、(32) 刑法の外部での環境の保護——そして、この場合は、現行環境刑法の保護範囲からして、ハッセマーも人間利益と直接関連付けられないものを含む環境の保護を恐らく考えるのであろうが——といえば、現実として行政的保護・規制が主体となることは否定できない。しかし、法の目的に環境自体の保護が含まれないとするときに、如何にして行政はその規制活動の正統性を主張できるのであろうか。それは別にして、そもそも（人間の生活条件の集合としての環境の保護に関しても）行政が十分動かなかった、動けなかったからこそ、環境刑法が必要とされたのではなかっただろうか。行政的保護・規制との関連で生じる或いは生じざるを得ない執行担保法（刑法を含む制裁法）の行政（法規或いは行為）従属性が保護の阻害要因となる現実があったからこそ、これを遮断しようとして、或いは、少なくとも阻害性を除去しようとして、多くの議論が積み重ねられて来たのではなかったのだろうか。行政が自ら環境を破壊するような施策を行ったり、環境を破壊する行為を放置することがあったからこそ、行政官庁・官吏の可罰性さえ論議されて来たのではなかったろうか。現在の行政が、これらの問題を既に過去のものとして扱うことを許す状況にある、少なくとも、議論を回避できる状況にあるとは、筆者にはとても思えない。ハッセマーの提言は、その意味では現実疎遠な視座から為されているものであり、自らのいう意味での環境の保護の後退をも招来する大きな危険性を含んでいる。また、ハッセマーは現行環境刑法の定める行為に、そのままの要件を前提にするものではないにせよ、行政的不法としての制裁を加えることは肯定するようである。行政的不法という概念でハッセマーがいわんとしているところはなお必ずしも明らかではないが、少なくとも、秩序違反行為として処理することを肯定するものといえよう（従って、秩序違反行為と犯罪行為（行政的不法と刑事不法、従ってまた、行政財と刑法財ないし法益）との質的相違を理論学的・範疇的に認めることにもなるのであろう）。しかし、それは現実的・実質的に見れば、レッテルを貼り替えることだけで満足することを意味するのであって、問題の解決にはならない。国家権力による市民の自由への介入の必要性を結局は肯定し、謂わば裏口から引き入れているに過ぎないことになろう。しかも、介入の深度は減少するであろうが、介入可能性の範囲はそのまま残るのみならず、その要件的容易化等により介入の頻度が高まる可能性、介入の恣意性・差別性が高まる可能性等がある。更に問題なのは、秩序違反行為としての法的位置付けが、「人間の諸々の生活条件の集合としての環境」の破壊でさえも（実定秩序違反行為を眺めれば、必ずしもそういえないとしても、範疇イメージとして）それほど重大な問題ではないという国家的評価を市民に知らせることになること、現在のドイツにおいては評価の下方修正・尊重要求の減少を公示することになることである。……伝統的な自由主義的国家観・市民社会観を前提としているハッセマーの人格的法益論ないし人間中心主義的法益構成は、その根幹における妥当性・正当性を争い得ないにしても、少なくとも、環境保護の領域においてそれを妥当させようとすることには余りに大きな無理があるように思われる。それは、環境刑法の法益を正に正面から扱ったハッセマー門下のホーマンの見解[33]においても除去されないばかりか、ある意味では増幅されることになる。

ホーマンにおける人格的法益概念の定義は、ハッセマーと同様の「現代」刑事政策・理論学に関する状況認識・危機感を前提とし、アルトゥール・カウフマン〜マルクスの系統に忠実に従いつつも、それらよりは若干内実が豊かになっている。即ち、「法益とは、それぞれの文化史的状況中において育成の人格的な前提及び条件を意味する・侵害可能な現実的所与（diejenige verletzbare reale Gegebenheiten, die sich in der jeweiligen kulturhistorischen Situation als personale Entfaltungsvoraussetzungen und -bedingungen darstellen）である」[34]と定義される。因果的侵害可能性が要件として強調されていることが注目されるが[35]、それ以上に法益概念規定自体としては特筆すべき事項はない。刑法三二四条以下の環境刑法の法益は、ハッセマーと異なり（?）、人格的法益論の立場を一貫して、「生命・健康及び身体的完全性という古典的な個人法益[36]」そのものと捉えられる。ただ、「それらは、勿論、遥かに前置せしめられた刑法的保護を受けている。[36]」即ち、「環境刑法の諸規定は、二二一条以下や二二三条以下が行うような人間の生命及び健康への直接的攻撃に対する保護を提供するのではなく、人間の自然の生活基盤をなす客体に向けられるが、最終的には人間の生命及び健康への攻撃を内在するような攻撃に対する保護を提供する。[37]」「従って、環境（ないし、個々の環境媒体）においては、行為が行われるところの攻撃客体［行為客体——筆者注］が専ら扱われているのであって、生態学的法益概念論者はこのことを見誤っている。[38]」「我々の社会のような高度に技術化された社会では、人間の生命や健康は、最早、謀殺や傷害によってのみ危殆化されるのではなく、個々人の生命や健康のみならず総ての人の生命や健康を脅かす——必ずしも感覚的には把握し得ない——新たな、》単に（bloß）《間接的に作用するような侵害方法が創出されるのである。》生命《、》健康《、》身体的完全性《という古典的な最高度に人格的な法益へのこのような攻撃に対しても既に保護を与えることが、環境刑法の任務である。[37]」換言すれば、環境刑法の諸規定の大部分は「人間の生命及び健康との関係における抽象的危殆化犯であり、圧倒的に認められているように、環境ないしその個別的発現形態との関連における侵害犯として特徴付けるべきではない。従って、刑法三二四条の規定を新しい類型の犯罪、累積犯（Kumulationsdelikt）として説明しようとするような試みも不必要であることが明らかとなる。[39]」……環境ないし環境媒体は行為客体に過ぎないという生態学的法益概念批判、そして、環境犯罪を侵害犯とする通説への批判は、後述するように、一定限度で傾聴に値する。しかし、それよりも先ず驚かされるのは、環境犯が人の生命・健康・身体的完全性に対する抽象的危殆化犯であるとすることに関し、そして、その正当化の為に（実質的には）正に現代社会における必要性ということを用いるのに関し、何等の戸惑い・躊躇も見受けられない点である。しかも、生態学的法益概念批判との関連においてではあるが、ホーマンは、「自然における変化は、——殆どの場合、間接的のみであるにせよ——常に人間の生命及び人間の健康の変更を条件付ける[40]」という端的な発想を示している。そこでは、環境ないし環境媒体という行為客体上の損害は同時的に人の生命・健康等の法益の危殆化を意味することにならざるを得ないのであって、法益危殆化ということで尚考えられているはずの処罰の歯止め機能は喪失している。それが故に、クーレンの試みた累積犯（Kumulationsdelikt）という新類型の構築も不必要ということになるのであろう。けだし、クーレンのいう累積犯とは、「個々の個別的行為が法益の侵害或いは危殆化に到ることを要求せず、当該個別行為が、もし大量に（in großer Zahl）行われたならば法益の侵害或いは危殆化を惹起するであろうような行為の態様に属することのみを要求する[41]」ものだからである。このような問題性を有する環境犯罪の人の生命・健康等に対する抽象的危殆化犯としての構成を、それらを刑法典から排除し、交通事犯と同様に周辺刑法（Nebenstrafrecht）に組み込むこと[42]だけで正当化出来るのであろうか。そのような構成を前提に、ホーマンが、環境刑法（環境保護の為の刑事制裁の使用）の全面廃止論に反対して、「実効的な法的環境保護は、法体系の総ての部分がそれぞれに帰属する機能を果たすという、全法領域の調和のとれた共働（harmonisches Mit- und Nebeneinander）に依存する。特に社会的に有害な行為の制裁についての責任を有する刑法は放棄し得ない[43]」と主張するとき、それは結局、人格的法益論に基づく自説の限界を認めることになるように思えるのは筆者だけであろうか。

（8）　Rudolf Rengier, Zur Bestimmung und Beduetung der Rechtsgüter im Umweltstrafrecht, NJW 1990, S. 2507.

（9）　Vgl. Alternativ-Entwurf eines Strafgesetzbuches. Besonderer Teil. Straftaten gegen die Person. Zweiter Halbband, 1971, S. 49: "es geht nicht um den Schutz der Umwelt, sondern allein um den Schutz menschlichen Lebens und menschlicher Gesundheit vor den Gefahren der Umwelt".

（10）　Winfried Hassemer, Grundlinien einer personalen Rechtsgutslehre, in : Lothar Philipps und Heinrich Scholler (Hrsg.), Jenseits des Funktionalisms. Arthur Kaufmann zum 65. Geburstag (Heidelberger Forum. 61), 1989, S. 85-94.

（11）　バックグラウンドを示すものとして、更に、Winfried Hassemer, Symbolisches Strafrecht und Rechtsgüterschutz, NStZ

1989, S. 553-559; ders., in AK-StGB. Bd. 1, 1990, Vor § 1 Rn. 243-335等がある。
(12)　前出注(5)、同注の付された本文とその前の一文、及び前出注(11)所掲の文献参照。理論学への影響としては、例えば、ルーマンのシステム理論に依拠したヤーコブスの刑法体系、特に、その積極的一般予防論等が言及されている。
(13)　Vgl. Hassemer, Grundlinien einer personalen Rechtsgutslehre, S. 86.
(14)　Vgl. Hassemer, Grundlinien einer personalen Rechtsgutslehre, S. 91 Anm. 22.
(15)　伊東研祐『法益概念史研究』（一九八四年）三七九頁以下。
(16)　伊東・前出注(15)三九四頁以下参照。なお、そこで検討対象としたWinfried Hassemer, Theorie und Soziologie des Verbrechens. Ansätze zu einer praxisorientierten Rechtsgutslehre, 1973は、一九八〇年に再版されている。
(17)　Hassemer, Grundlinien einer personalen Rechtsgutslehre, S. 91. Vgl. auch ders., in AK-StGB. Bd. 1, 1990, Vor § 1 Rn. 287.
(18)　Hassemer, Theorie und Soziologie des Verbrechens, S. 67 und ders., Grundlinien einer personalen Rechtsgutslehre, SS. 86ff.
(19)　Hassemer, Grundlinien einer personalen Rechtsgutslehre, S. 91.
(20)　伊東・前出注(15)一〇頁参照。
(21)　Hassemer, Grundlinien einer personalen Rechtsgutslehre, S. 91. Vgl. auch ders., in AK-StGB. Bd. 1, 1990, Vor § 1 Rn. 289.
(22)　Hassemer, Theorie und Soziologie des Verbrechens, S. 131/132. なお、伊東・前出注(15)三九七頁以下参照。
(23)　前出注(6)参照。
(24)　ハッセマーも、一九八九年時点において、環境保護の領域における社会的価値体験が著しく強化されていること、立法者はこれを無視してはならないことを認める。ただ、「そこで保護される超個人的法益」が人間の利益に間接的であるにせよ関連する限りでのみ、その保護の政策的合理性を認める。Vgl. Hassemer, Grundlinien einer personalen Rechtsgutslehre, S. 92/93. 一方で、既に人間の利益以前に「法益」を認めているようにも解されること（この点については後述本文参照）のみならず、他方で、合理性を人間利益への関連性以外の観点で担保していることに、留意されたい。
(25)　Hassemer, Grundlinien einer personalen Rechtsgutslehre, S. 90. Vgl. auch ders., in AK-StGB. Bd. 1, 1990, Vor § 1 Rn. 274.

（26） Hassemer, Grundlinien einer personalen Rechtsgutslehre, S. 92.
（27） Hassemer, in AK-StGB. Bd. 1, 1990, Vor §1 Rn. 279.
（28） Hassemer, Grundlinien einer personalen Rechtsgutslehre, S. 93も、既に「環境刑法の法益を、例えば、人間の生命及び健康に見るならば……」というように、その方向を示している。Ders., in AK-StGB. Bd. 1 1990, Vor §1 Rn. 280では、超個人的法益を人間という観点から観念する者にとっては、「環境犯は、厳格な意味における（》清浄な環境《という法益に関する）侵害犯ではなく、（健康及び生命に関する）危殆化犯である」とするが、なお本文引用のような環境刑法の法益規定を行う。
（29） Vgl. Hassemer, Grundlinien einer personalen Rechtsgutslehre, S. 89 und ders., Symbolisches Strafrecht und Rechtsgüterschutz, NStZ 1989, S. 558.
（30） Hero Schall, Möglichkeiten und Grenzen eines verbesserten Umweltschutzes durch das Strafrecht, wistra 1992, S. 1 mit Anm. 5は、Winfried Hassemer / Volker Meinberg, Kontrovers : Umweltschutz durch Strafrecht, Neue Kriminalpolitik 1989, S.48におけるハッセマーの発言を、環境刑法全廃論として位置付ける。次注（31）に引用した箇所での記述をも鑑みれば、そうも考え得るが、現在までのところでは、明示的な見解表明を確認できていない。
（31） Hassemer, Grundlinien einer personalen Rechtsgutslehre, S. 93/94. なお、現行環境刑法が環境保護に貢献していない、軽微犯のみしか捕捉できていないという執行上の欠陥を指摘し、その存在を立法者が責任充足のアリバイとしている＝象徴立法に過ぎないと批判して、全廃論を主張するものとして既に、Ergebnisse der Arbeitsgruppen des 12. Strafverteidigertages vom 22.-24. 4. 1988 in Heidelberg, StrVert. 1988, S. 276 (Arbeitsgruppe 3) がある。
（32） 統計上示される所謂執行上の赤字から環境刑法のそのような不適切性を断言できるような研究状況にないとするものとして、Kraus Rogall, Gegenwartsprobleme des Umweltstrafrechts, in : Festschrift der Rechtswissenschaftliche Fakultät zur 600-Jahr-Feier der Universität zu Köln, 1988, S. 508ff. がある。この評価は、ders., Grundprobleme des Abfallstrafrechts, NStZ 1992, S. 361でも維持されている。
（33） 本稿では別個の論文に依拠するが、詳細については、Oraf Hohmann, Das Rechtsgut der Umweltdelikte. Grenzen des strafrechtlichen Umweltschutz (Frankfurter kriminalwissenschaftliche Studien. 33), 1991を参照されたい。
（34） Oraf Hohmann, Von den Konsequenzen einer personalen Rechtsgutsbestimmung im Umweltstrafrecht, GA 1992, S. 77.
（35） Vgl. Hohmann, Von den Konsequenzen., S. 78 und S. 79.

(36) Hohmann, Von den Konsequenzen, S. 81/82. Vgl. auch S. 84f.
(37) Hohmann, Von den Konsequenzen, S. 84 mit Anm. 52.
(38) Hohmann, Von den Konsequenzen, S. 84 Anm. 52.
(39) Hohmann, Von den Konsequenzen, S. 85.
(40) Hohmann, Von den Konsequenzen, S. 83.
(41) Lothar Kuhlen, Der Handlungserfolg der strafbaren Gewässerverunreinigung (§ 324 StGB), GA 1986, S. 399. Vgl. auch S. 407. クーレンの見解の詳細について本稿で論じることは出来ないが、このような提言が現代刑事政策における法益保護の前置傾向の延長線上にあることが正当化の論拠とされていることのみ付言しておく。結論的には、責任主義の観点からしても、累積犯という範疇の正統性を肯定出来るとは思われない。
(42) Hohmann, Von den Konsequenzen, S. 86.
(43) Hohmann, Von den Konsequenzen, S. 87.

三　生態学的－人間中心主義的法益構成と、その批判的考察

環境刑法における生態学的－人間中心主義的（ökologisch-anthropozentrisch）法益構成とは、前節に述べた人格的ないし人間中心主義的法益構成と異なり、環境・環境媒体ないし環境要素等に独立した法益としての刑法的保護を認めつつ、それらの範囲を「人間への最終的関連性」、具体的にいえば、「現在及び将来の人間の生活基盤としての存在と機能の保有」という観点から限定する見解、更に換言すれば、そのような機能を保有しないような環境媒体・要素等は刑法的保護の対象から除外する見解一般を指し、ドイツにおける立法者意思・通説とされている。(44) もっとも、環境刑法の法益を巡る議論自体が余り行われて来なかったというレンギアやホーマン等の指摘する全体的背景事情に加え、既に立法化された環境刑法規定を解釈するという立場から主として（イメージ的に）提示されていること

もあって、この見解の理論学的基礎付け・射程は必ずしも明らかではない。人間への最終的関連性の要求は、謂わば共通的内実理解を前提とする当然の了解かのように扱われるが、何故に必要なのかは明確に理論提示されていないのみならず、「現在及び将来の人間の生活基盤としての存在と機能」ということによって如何なる人間利益への如何なる関連性をどの程度まで要求するかは、論者に拠り様々であり得る。人間にとっての何等かの積極的な機能[45]、例えば、美しい自然景観の現在及び将来の人間の精神的安定・ストレス解消等にとって有し得る機能でも足りるとすることも可能であろうし、現在及び将来の人間が正に生存していく為に不可欠な質・量的に最低限必要な水分や酸素等を供給する機能と限定的に捉えることも可能なのである。そこにおける視座のスペクトラムは、現実の理論分布は別として、余りに広範であり得る。生態学的－人間中心主義的法益構成の第一の特徴・問題性は、ここにある。

さて、改めて根本に戻って考えてみるに、生態学的－人間中心主義的法益構成は、何故に最終的な人間関連性を要求するのであろうか？　それが、マルクス～ハッセマー～ホーマン等の人格的法益論ないし人間中心主義的法益構成の場合と若干異なるものの、「法は人間の為にある」・「法は人間の生活利益を守る為にある」という伝統的な自由主義的国家観・市民社会観に影響されているものであろうことは、容易に想像できる。その意味では、余りに当然の了解といって良いかもしれないし、そのこと自体の妥当性を理論的に揺るがすことは難しいであろう。だが、環境・環境媒体或いは環境要素等に独自の法益としての保護適格を認めつつ、この人間への最終的関連性をも付加するのは、現実的には殆ど意味を持たず、取って付けたような感じを免れないのも事実である。即ち、既述のように、人間にとっての「何等かの」積極的な機能というレヴェルまで稀釈化することを許すとき、それで包含されないものというのは殆どない。立法者等が人間にとっての積極的機能を有しないとして保護対象から除外する病害虫・有害植物でさえ、[46] その抹消が生態系の狂いを生じさせ、最終的には人間利益に跳ね返って来るもの、人間への最終的関連性を有するものと構成することは十分可能である。というより、環境・環境媒体或いは環境要素等の変化が人間の生活に対して如何なる影響を与えるかは未だ不明な部分が多いのであって、人間への最終的関連性というメルクマールは、それを現実に正統化的・制限的要素として機能させようとするときには、客観性を有しない恣意的・直観的な判断を形式的に根拠付けるだけのものとなるし、このような弊害を回避しようとすれば、全く正統化的・制限的機能を果たし得ないものとなる。ちなみに、通説に一致するとされる現在のドイツの確立した判例の立場を見る限りは、このメルクマールは全く機能せしめられていないと思われるのである。[47] 理論的可能性としては余りに広範な視座のスペクトラムを示すにも拘らず、現実には、ほぼ単一の・人間（利益）への最終的関連性を要求しない生態学的法益構成に等しい立場が採られているという点が、この見解の第二の問題点であり、その背後には、恐らく、「自然における変化は、――殆どの場合、間接的のみであるにせよ――常に人間の生命及び人間の健康の変更を条件付ける」という既述のホーマンの発想と同様な直観的な・謂わば短絡的な判断が潜んでいるように思われる。[48]

この問題点は、より理論学的な関係においても発現する。生態学的－人間中心主義的法益構成を採る通説・判例は、ほぼ一致して、三二四条等を侵害犯（侵害結果犯）として捉える。即ち、既述のように、「無意味な・無視し得るような微少な侵害を超える、物理的、化学的或いは生物学的意味における有らゆる自然的水体属性の悪化」の発生をもって「環境及び人間にとって、水体がその自然状態において内在する諸機能」という法益が侵害されたと解する。[49] これは、ある意味では、「水体を汚濁し、その他その属性を不利益に変更した者は」という刑法三二四条の規定文言に忠実な解釈である。しかし、その実質が、水体という環境媒体の属性の悪化自体を（人間への最終的関連性に関わりなく)法益侵害の存在と同一視するものであること、環境媒体自体を法益とする生態学的法益構成の一つに等しいものとなることは、上に述べた通りである。それは、見方を変えていえば、この立場からすると行為客体に過ぎないはずの環境媒体たる水体を法益と明確に区別し得ていない(混同している)か、行為客体上の結果発生と法益侵害との間の不可思議な、しかしリスト以来余りに馴染みの判断態様＝法益概念の精神化を示しているということになろう。(50)

これらの問題性は如何にしたら回避できるのであろうか？　その途は、結局において、一方で、人間関連性の積極的限定・関連すべき人間利益の限定ということ、他方で、侵害(侵害結果)犯としての構成の断念ということであろう。しかしながら、第一の途を採る為には、その限定規準は何処から導かれるべきか、という大問題を解決せねばならない。恐らく、生命・健康・身体的完全性・財産等の個人的法益ないし利益との関連性が援用されるのが通常であろうが、環境財に独自の法益としての地位を認める限りは、ハツセマーの見解に関連して述べたのと同様の問題を抱えることになる。或いは更に、ホーマンのような人格的法益論ないし人間中心主義的法益構成に踏み切ることも選択肢の一つであろうが、それが自己否定的であることはもとより、その場合にも、既に前節で指摘したような問題点が生じてくるのである。結局、人間利益への還元を考えること自体が、謂わば遠すぎるもの・微かすぎるものの無理な増幅による結合といわねばならないであろう。第一の途は、少なくとも現実としては、採り得ない、実行不能といわねばならない。これに対して、第二の途を採ることは——それを第一の途の不可能性を棚上げして論じることが許されるとすれば——容易である。即ち、生態学的－人間中心主義的法益構成では、環境媒体自体を法益として、あるいは価値たる法益を化体した(verkörpern)／価値たる法益の付着した(verhaften)行為客体と捉える(ことが多い)訳であるが、正に生態学というその観点から、前者の場合は行為客体が何であるかを改めて問い返し、後者の場合には法益を非精神化しつつ改めて問い直すことで、手がかりを得ることが出来る。刑法三二四条を例に考えてみれば、謂わば静的に捉えられる「水体」そのものは行為客体に過ぎず、水体が——人間にとって——保有する諸機能、その意味での「生態系」の一部分が法益として捉えられるべきことになろう。そのとき、三二四条の構成要件は侵害（侵害結果）犯としてではなく、危殆化犯として捉えるべきもの（捉える以外にないもの）となる（同様のことが、大気・土壌等の環境媒体についても妥当すること、勿論である）。

(44)　Vgl. z. B. Rengier, Zur Bestimmung und Bedeutung. (Anm. 8), S. 2506; Hohmann, Von den Konsequenzen. (Anm. 34), S. 81; Rogall, Gegenwartsprobleme. (Anm. 32), S. 512.

(45)　Rogall, Gegenwartsprobleme., S. 512.

(46)　Vgl. nur BT-Dr. 8/3633, S. 30.

(47)　BGH Urteil v. 31.10.1986, NStZ 1987, 323, 324 は、ルドルフィーの表現を借りれば、刑法三二四条の法益を「環境及び人間にとって、水体がその自然状態において内在する諸機能」(Hans-Joachim Rudolphi, Primat des Strafrechts im Umweltschutz?, NStZ 1984, 194) と捉えるが、「無意味な・無視し得るような微少な侵害を超える、物理的、化学的或いは生物学的意味における有らゆる自然的水体属性の悪化」をもって、法益侵害的結果発生があったものと認めるに足りるとしている。環境刑法（特に三二四条）における判例理論の詳細については、Hero Schall, Systematische Übersicht der Rechtsprechung zum Umweltstrafrecht, NStZ 1992, S. 209-216 und S. 265-268 を参照されたい。

(48)　Vgl. Rengier, Zur Bestimmung und Bedeutung., S. 2507/2508 (Text mit Anm. 40-43!). もっとも、レンギア自身は、そこから生態学的法益構成と生態学的－人間中心主義的法益構成の争いは言葉の上のものに過ぎないと主張するに留まる。

(49)　前出注(47)参照。

(50)　伊東・前出注(15)八六頁、一二五－一二六頁、二七六頁以下等参照。なお、Hohmann, Von den Konsequenzen..., S. 83 も、別個のコンテクストにおいてながら、環境刑法領域における「目的論的・方法論的法益概念」（＝立法者意思の法益としての把握）の密かなルネッサンスということを指摘しているが、本文に指摘したことと無関係ではないであろう。

四　行政的法益構成と、その批判的考察

環境刑法における人間中心主義的法益構成のもう一つの形態・亜種ともいい得るのが、行政法学者を中心に主張されている所謂行政的（administrativ）法益構成である。それが人間中心主義的であるとここでいうのは、勿論、環境をあくまで人間（国家・行政機関）により人間（社会・集団）全体の福祉・利益の為に（その個人的消費・配分における利益対立の可能な限りの最小化という意味で）最大限効率的に管理・運用されている或いは管理・運用されるべき資源・対象として捉えているという点からの表現に過ぎず、上述した人間中心主義的法益構成の二つのヴァリエイションとは相当異質なものであることは多言を要しないであろう。そこで刑法的に実現しようとしているのは、最終的には、そのような国家的管理・運用を妨げる行為の阻止であり、法益は、そのような管理・運用を受けている環境（環境媒体）、或いは、環境（環境媒体）の国家行政的な管理・運用作用自体ということになる。[51] 即ち、この見解の代表的論者であるパピーアの表現を借りて三二四条についていえば、「刑法三二四条の保護財は、仮想的な―自然の或いは純粋な状態における水体ではなく、権限ある国家機関により、行政法的に定立された手続及び形式において、並びに、行政法上認められた実体的な範囲内において、保護に値するもの乃至獲得努力するに値するものとして特定された状態における水体である。刑法は、この範囲内に留まり且つ法律上の命令として帰結する高権的な管理・運用計画（Bewirtschaftungskonzeption）を保護し、基礎付けねばならない。刑法は、行政法を超えた〃原初的な〃従って最終的には〃ユートピア的な〃水体保護を追求してはならない。水体に関する具体的な公法上の目的規定を害する、即ち、例えば、顕示され且つ詳細化された高権的な管理・運用計画或いは再利用計画を、その実現を失敗させ、困難

にし、或いは遅延させることによって阻害するような汚水の「水体への」導入のみが刑法三二四条一項の構成要件を充足する」[52]ということになる。

この見解が、水体等をそれ自体において保護せんとする立法者の明示的意思に反していること、三二四条の規定文言から謂わば懸け離れた解釈であること等は、既に多くの論者の指摘するところであり、従って、あくまでも少数説に留まることはいうまでもない。しかしながら、恐らく特に我が国においてはなお極めて強い影響力を有していると思われる、環境行政施策の実行の為の法規等の実効性担保手段として刑罰を用いるという発想、或いは逆に、刑罰は環境行政施策の実行の為の法規等の実効性を担保する限度でのみ用い得るという発想、その意味での「環境刑法の行政従属性」という発想からすれば、この見解が基本において極めて自然なもの・妥当なものとして映じ得るであろうことも否定できないと思われる。このことは、総ての者、従って、行政機関も、例えば、水体を「公共の福祉及び公共の福祉との調和における諸個人の使用の為に、且つ、あらゆる回避可能な悪影響を生じさせることなく、管理・運用する」よう法的に義務付けられ[53]、その義務が現実に充足されている場合には、一層であろう。権限ある行政機関による適正な利益衡量の結果として真に最小限に留められた水体等の環境媒体の破壊・侵害は必要なもの、合理的なものであって、それをも刑法的に禁じることは正統性を有するとはいい難いからである。そのような義務の充足が現実にドイツ或いは我が国で行われているか否か、近い将来において行われ得るか否か、という評価は一先ず措く、というよりは、最早不要であろう。……ここで問うべきなのは、行われ得ると仮定して、刑法的に禁じられないということ、刑法的に保護されないということを、法益規定ないしは(消極的構成要件要素として)構成要件の中に取り込むべきなのか(取り込む必要があるのか)、或いは、許容規範が存在するものとして、即ち、違法性阻却事由として構成すべきなのか(構成すれば足りるのか)、ということである。確かに、「仮想的な—自然の或いは純粋な状態における水体」等を法益として捉えることは、法益に要求されるべき因果的変更可能性・対象性という点だけからしても、妥当ではない。この点自体は、しばしば水体や大気の清浄性（Reinheit）の保護ということが語られることに鑑みれば、傾聴に値するであろう。現実に保護され得るのは、現状における水体(Gewässer im Status quo)等のみである。しかし、現状における水体が事実として既に汚染・水質悪化傾向等を内含・前提しているとしても、通説に拠ると水体に対する「社会的相当性ある且つ社会的に不可欠な、行政法秩序によって承認され、規制されている［侵害的——筆者挿入］行態が刑法三二四条の刑罰規範の構成要件を充足することになる」[54]というパピーアの批判の前提となっていると思われる理解は、正当とは思われない。いわゆる社会的相当性の保有と行政法秩序による承認・規制ということとは直接結びつくものではないのであって、社会的相当性ある行態は要不要を問わず（理論構成は異なり得るにしても）既に構成要件不該当であり、社会的相当性に問題のある或いはそれを欠く行態がその必要性の故に（行政）法秩序の承認・規制を受け、刑法的に禁じられない、と考えるのが、刑法学説の一般であろうからである。そして、それは環境侵害的行態に関してのみならず、人間の活動一般についても採られている考え方である。逆にいえば、刑法的に禁じられないということを、環境侵害的行態に関してのみ他の活動と別異の方法で取り扱うことに合理性があるとは思われない。即ち、違法性阻却事由として捉えれば足りるのである[55]。それを法益規定の中に取り込むことの理論的妥当性も必要性もないこと、勿論である[56]。

以上のように、国家行政的な管理・運用を受けている環境（環境媒体）を環境刑法の法益とする行政的法益構成は、理想的な環境行政の行われている場合を仮定したとしても、妥当とは思われない。しかし更に遡っていえば、そもそもその視座自体が歪んでいるといわざるを得ないのではないであろうか。行政的法益構成は環境を人間(行政機関)によって全面的に管理・運用し尽くされている（べき）ものと捉える（擬制する）のであるが、既にそのこと自体のみならず、そこに現れる行政機関の全能性・絶対性信仰ともいうべきものには、不気味ささえ覚えさせられる程である。即ち、行政的法益構成を一見して感じられる疑問、行政的な管理・運用計画の対象となっていない水体等の環境媒体は刑法的保護を受けないのかという疑問を当然に予想してか、パピーアは以下のようにいう。管理・運用計画の欠如からは「当該水体をその自然の状態において、管理・運用から自由な（bewirtschaftungsfrei）状態において維持する、という……管轄行政機関の意思が帰結されねばならない」[57]と。その限度で結論的に生態学的（―人間中心主義的）法益構成に一致することの理論的一貫性、主観的な管理・運用意思への依拠によって法益規定が第三者（行政官庁）の手に委ねられてしまうことの問題性[58]は勿論であるが、なによりも、上に述べたような視座の歪み・態度の不気味さ・悲惨さが感じとられるべきであろう。

（51）Rengier, Zur Bestimmung und Bedeutung., S. 2508 f. は、本稿とは若干分類の視座を異にするものの、本文後述のパピーア等、管理・運用を受けている環境（環境媒体）を法益とする見解を、実体的―行政的（materiell-administrativ）法益構成と呼び、環境（環境媒体）の国家行政的・独占的な管理・運用作用自体を法益とするビッケルの見解を、形式的―行政的（formal-administrativ）法益構成と呼んで区別する。両者の差異は確かに否定できないが、次注(52)引用のパピーアの論述からも明らかなように、両者の捉えようとするものは表裏関係にあり、区別して論じる意味は実質的に余りないように思われる。

（52）Hans-Jügen Papier, Gewässerverunreinigung, Grenzwertfestsetzung und Strafbarkeit (Recht-Technik-Wirtschaft Bd. 34), 1984, S. 28 und S. 77; ebenso ders., Zur Disharmonie zwischen verwaltungs- und strafrechtlichen Bewertungsmaßstäben im Gewässerstrafrecht, NuR 1986, S. 2.

（53）Vgl.§ 1a WHG (Gesetz zur Ordnung des Wasserhaushalts : Wasserhaushaltsgesetz) vom 23. 09. 1986 (BGBl. I S. 1529, ber. S. 1654, geändert durch G. von 12. 02. 1990, BGBl. I S. 205).

（54）Papier, Gewässerverunreinigung., S. 5.

（55）Vgl. Bernd Schünemann, Die Strafbarkeit von Amtsträgern im Gewässerstrafrecht, wistra 1986, S. 237 f.

（56）法益規定の中に取り込むことは、蛇足ながら付け加えれば、環境行政という観点からしても、むしろ具体的にも妥当性を欠くことになる虞がある、といわねばならない。例えば、実体的－行政的法益構成においては、許認可を要する環境侵害行為を無許認可で行った場合でも、行為自体は許認可適格を有する場合（許認可申請すれば認められるような場合）等、その侵害性が行政機関の管理運用計画を阻害しないものである限り、三二四条では不可罰である。けだし、そこには法益侵害がないからである。しかし、このような事態が、その本来的意図に鑑みれば自己矛盾的であることはいうまでもないであろう。

(57) Papier, Gewässerverunreinigung., S. 5.

(58) Vgl. Rengier, Zur Bestimmung und Bedeutung., S. 2509 (Text mit Anm. 71-74).

五　生態学的法益構成の展開－結びを兼ねて

既に刑法典中に取り込まれ、且つ、新たな改正作業の対象になってもいる環境刑法の法益を、人間の生存自体ないし生存基盤として、或いは、人間の何等かの生活利益に関連付けて、或いは更に、生活利益維持の為に最大限効率的に管理・運用される資源等として捉えようとするドイツでの理論学的試みは、現在までのところ、成功していない。それらの試みのいずれかの方向を更に追求すべきなのか、それとも別個の観点からアプローチすべきなのかは、ハッセマー～ホーマンの見解の基底にある問題意識が象徴的に示すように、社会状況的にも、それを直接・間接に反映する理論学状況にも規定されるものであって、一概には決し得ないであろう。別個の観点からのアプローチ、純粋な生態学的(ökologisch)法益構成がなお少数説であることも事実である。……我が国においては、如何なる方向が試みられるべきであろうか？　……この問いを発すること自体が、筆者にとっては再確認になるに過ぎないが、既に一定の回答を意味している（一定の回答を前提としなければ理論学的にも実践的にも意味がない）ように思われる。何故なら、いわゆる公害罪法はもとより、多く一九六〇年代末から七〇年代にかけて成立した行政法領域を中心に散在する広義の環境保護関連刑罰諸規定の指向性が（行政的法益構成の視座を含めた意味で）人間中心主義的であることは明らかであり（例えば、自然環境保全法、国土利用計画法、大気汚染防止法、水質汚濁防止法、河川法、騒音規制法、振動規制法、廃棄物の処理及び清掃に関する法律等々の冒頭におかれた目的規定・理念規定を参照！）、それらが――事実として十全に執行されて（得）なかったにせよ[59]――一応の対処的効果をあげたときに、従前のものを超えた「環境刑法」の可能性・必要性が議論され始めたからである[60]。そして、その必要性の認識は、特に我が国のような謂わば〝隔絶〟され〝水に流せる〟状態に置かれていない国々を中心に、国際レヴェルでは既に確立したものとなっているように思われる[61]。いわゆるワシントン条約等の国内執行の為に既に発動されている、また更に増加し続けるであろう様々な環境保護関係条約の国内執行の為に発動されるであろう実定刑罰規定の統一的・合理的解釈ということを考えれば、その必要性は現下のものでもある。現時点において正に試みられるべきなのは、生態学的法益構成と、それを支える法ないし国制観上の態度決定なのである。

生態学的法益構成は、既述のように、仮想的な－自然のままの或いは純粋な状態における環境・ユートピア的な環境を法益として捉えようとするものではない。それも、あくまで現状における環境（Umwelt im Status quo）を包摂しようとするものである。しかし、しばしば（比喩的に）用いられる「環境そのもの」の保護という表現は、勿論、その莫然性・無規定性故に、既に法益規定としては妥当ではない。「環境媒体ないし環境要素そのもの」の保護という表現も、一方で、いわゆる絶対的保護を連想させる点で、他方で、諸々の媒体・要素・生物の営み等から成る環境という謂わばダイナミックな機能統一体を捉え切れていない点で、これまた妥当ではない。例えば、水体という環境媒体について、一般的に、それのみを且つ局部的に捉えて属性悪化の存否を議論することは、現実問題として不毛であるか、ファナティックな極論に到る他ないであろう。水体は、通常、それ自体の含む成分により、その中に棲む生物の営みにより、或いは、水辺の植生や水を求めて集まる動物の生存活動により、一定限度の変化に対する回復ないし自浄能力を有すると同時に、それら生物・植生・動物等により消費されてもいるのである。つまり、ヴェルツェルの著名な表現を転用していえば、それも "In-Funktion-Sein" の連鎖の一部分に過ぎないのである。その孤立した・静的な把握は、法益規定としては、妥当とはいい得ない。ただ、明確性や実効性の担保等を含む立法技術的理由からは、（法益侵害的）行為の第一の連接点として因果的変更可能性を有する水体を対象的に捉えることが合理的であり、従って、それを行為客体として構成要件中に規定することは、何等妨げられないし、望ましいものでもある。即ち、水体という行為客体を通して見たときについていえば、ある現状における水体の・（人間を含む）動植物や他の環境媒体との相互作用中において保有する動的な諸機能の全体を包含して成っている生態系というものが、法益として捉えられるべきことになろう。

環境刑法の法益を以上のように捉えてくるとき、例えば、ドイツ刑法三二四条について判例・通説のいう「水体の不利益変更」＝「無意味な・無視し得るような微少な侵害を超える、物理的、化学的或いは生物学的意味における有らゆる自然的水体属性の悪化」は、それ自体としては必ずしも法益侵害結果或いは危殆化的結果（具体的危殆化の発生を意味しない。従って、三二四条は抽象的危殆化犯（の一種）として、より正確にいえば、抽象的－具体的危殆化犯として解釈されることになる。[62] 大気・土壌という環境媒体に関する三二五条も同様である。……この行き方をどう評価すべきであろうか。抽象的（－具体的）危殆化犯という構成による法益保護が、ハッセマーのように一般論として危険なものであるという考え方もあろう。しかし、環境というものの掛け替えのない価値と我が国において（さえ）も微妙なところで全面倒壊の開始を免れている（免れている？）というその事実状況は、環境刑法における刑罰的保護の前置化（Vorverlagerung）・法益危殆化の一応の推定と裁判官による行為の危険性の確認による抑制という行き方を正当化し得るように思われる。否むしろ、法益侵害ないし危殆化結果発生を構成要件要素として記述すること自体が著しく困難であり、それに成功することが事実上の刑罰的環境保護の断念となるであろうことにも鑑みれば、それ以外の妥当な途はないようにも思われる。

(59) 例えば、六本佳平「規制過程と法文化-排水規制に関する日英の実体研究を手掛りに」『平野龍一博士古稀祝賀記念論文集下巻』（一九九〇年）所収、北村喜宣「環境行政法と環境刑法の交錯―水質汚濁防止法の執行における行政と警察」自治研究六七巻七―一〇号（一九九一年）連載【同『環境管理の制度と実態』（一九九二年）一一九頁以下、特に一三六頁以下】等参照。

(60) 伊東研祐「『環境の保護』の手段としての刑法の機能」『団藤重光博士古稀祝賀論文集第三巻』（一九八四年）二六七―二六八頁【本書三―二二頁】参照。

(61) 例えば、一九九四年にリオデジャネイロで開催される予定の第一五回国際刑法学会総会での第一テーマ「刑法総論と環境に対する犯罪」決議案では、環境を生態学的観点から捉える立場が明示的に採られている。伊東研祐「第一五回国際刑法学会総会―一九九四年・リオデジャネイロ―第一テーマ『刑法総論と環境に対する犯罪』の為の準備会議（一九九二年一一月二日～六日・オタワ）報告」刑法雑誌三三巻三号（一九九三年）掲載予定【本書一二七頁以下】参照。

(62) Vgl. Rogall, Gegenwartsprobleme. (Anm. 32), S. 517ff.

第三章　保護法益としての「環境」(1)

一　問題の所在――定義されるべきものとしての「環境」

「環境刑法」という表現が、緩い意味において、「環境」を保護する為に投入される刑罰法規の総体を示すものであるとすれば、これまた極めて緩い意味において、その保護対象、従って、法益は「環境」であるということになる。しかしながら、「環境」という語によって指し示そうとする対象は、論者に拠って大きく異なり得るし、また、例えば「人」ないし「人間」を法益と呼ぶとすれば、その場合と同様、一群の刑罰規定による一定の共通属性を有する保護の対象を指すべきものとして用いるには些か漠然とし過ぎていることも、改めて述べるまでもない。即ち、環境刑法の法益を巡る議論は、先ずは、如何なる範疇の「環境」を捉えるべきであるか、あるいは、如何なる側面で捉えた「環境」を考えるべきか、ということから始められなければならない。そして、そのように捉えた環境の側面を、如何に刑法理論学的に適切に「法益」として定義する（あるいは、定義し直す）か、という問題が解決されなければならない。

二　「環境」の意義――「自然環境」と生活環境、自然的文化財（天然記念物・稀少生物）、動植物愛護等々

卑猥な広告物の溢れた街並み、立ち並ぶ風俗営業店の前で客引きも目立つ街並み、タバコの吸い殻や飲料の空き缶・空きボトルがそこここに投げ捨てられている街並み、あるいは、自動車交通量の極めて多い幹線道路に面した街並み等々が、多くの人間にとっては(恐らく)好ましからざる「環境」であることは間違いないであろう。それは、人間が生活していく上での精神衛生面をも含めた環境という意味で、「生活環境」とか「住環境」とか呼ぶこともできるであろう。この「生活環境」あるいは「住環境」の保護の為の規制は、広告物規制・風俗営業規制・廃棄物(ゴミ)規制・建築物規制等々として行われており、既に刑罰的担保を伴っていることも少なくない。しかし、そのことは裏返していえば、そのような意味での「生活環境」あるいは「住環境」自体を「環境刑法にいう環境」として新たに捉え直し、(急ぎ)保護する必要は最早ないし、現時点での法体系の視座からして、そのように捉えることが妥当とも思われない。「環境刑法にいう環境」とは、先ず第一に、そのような人間の心理的・情緒的あるいは意思的側面に関わるものを除いて考えるべきことになる。

同様のことは、心理的・情緒的あるいは意思的側面とクロス・オーヴァーするものであり、その意味では当然ともいえるが、人間の謂わば知的側面に関わるものについても妥当する。即ち、珍しい自然の風物・動植物・名勝景観等で(将来世代を含む)人間にとっての文化的な財産として保護されているもの或いは保護すべきものは少なくないが、それらもそのようなものとして或いはそのようなものの現存する区画・地域等として保護されれば足りるし、また、そのように捉えることが妥当であって、「環境刑法にいう環境」から除いて考えるべきである。

更に、敢えて補足的に挙げれば、いわゆる動植物愛護それ自体も、動植物が多様な意味での環境の一部を成すものであるが故に環境保護との関連で捉えられることがあるが、それらも主として人間の情緒的安寧・涵養や共生感促進という観点から捉えられるべきものであって、「環境刑法にいう環境」には含めるべきではないであろう。

以上のようにして、緩い意味での「環境」の意味を謂わば批判的に検討していくとき、「環境刑法にいう環境」とは、いわゆる「自然環境」、即ち、人間が動物の一つの種として生存していることの基盤・条件と（も）なっているものに関わるものとして捉えられるべきことが明らかになろう。そのように捉えるのが、「生活環境」等をも取り込もうとする北欧諸国の一部を除き、一般的傾向でもある。(2) そして、そのような把握からは、直接に保護されるべきものとして、水や空気や土等の「環境媒体《メディア》」が直ちに思い浮かんでくるであろうし、そうなれば、それらを法益として捉えて良いのか、また、水質汚濁防止法や大気汚染防止法等々の（罰則規定をもった）実定法との関係を如何に考えるべきか、という問題の所在も明らかとなるであろう。しかし、それらの問題の検討に入る前に、幾つか前提的な事項を確認しておく必要がある。なお、以下、単に「環境」という表現を用いるときには、「自然環境」の意味で用いることとする。

三　法益の要件①——「現存するもの」の「劣化・消滅の防止」

環境の保護ということが意識されたのが、既に環境破壊が相当程度に進行してからであったこともあり、一般的・日常的な意味では、環境の「保護」は謂わば元の（環境破壊の進んでいない）状態への「回復」ないし「改善」ということをも含んでいるといい得よう。一例を挙げれば、大気汚染による喘息発作や光化学スモッグ下での目眩・粘膜刺激等の人の健康被害との関連で「環境の保護」が語られた（語られる）とき、それは、清浄な大気の状態への、あるいは、少なくとも健康被害が生じなくなる程度の汚染状態への回復を意味していた（いる）といい得よう。換言すれば、現状の改善が語られていた（いる）といい得る。しかしながら、この用法は、刑法理論学的には正確性を欠いている、といわねばならない。刑法学で法益の「保護」という場合、それは、現在ある状態の「劣化・消滅ないし喪失の防止」という意味で用いられていること、生命・身体等の古典的ないし典型的な法益を例にして考えれば既に明らかであろう。殺人罪による法益の保護は、生命という法益が侵害されないように殺人行為を禁止・処罰するものであって、失われた或いは失われつつある生命を回復することではないのである。逆に言えば、現在ある状態のより良い状態への「回復」ないし「改善」ということは、法益の「保護」という枠組み・視座の中では直接には説明できないものである。

　また、この関連で、「現存するもの」あるいは「現在ある状態」としての「法益」ということの意味についても、念の為、付言しておく必要があるであろう。まず第一に、それは、「現存するもの」あるいは「現在ある状態」が望ましい状態であり、将来にわたってそのまま維持されるべきものである、ということを意味するものでは必ずしもない。敢えて言えば、望ましくなくとも当該の状態しかなければそこから出発する他ないし、当該の状態というのも静的なものに限られず（静的に捉えられるべきものではなく）、それに内在する性質・機能や外部要因との相互作用による謂わば自然な変化を押し留めようとすることは虚しく又不合理であることも少なくないからである。このことも、生命・身体・財産等の古典的ないし典型的な法益を例にして考えみれば、既に明らかであろう。

　第二に、法益とは「因果的に変更可能なもの」という属性を有するものとして捉えられなければならないということである。勿論、法益を純粋に（客観的な）価値として捉える立場や、（客観的な）価値が物に付着《verhaften》したものとして捉える立場等々もある。しかしながら、これらの立場は、法益の「侵害」あるいは「危殆化」という観点から考えるとき、刑法理論学的に不正確であり、あるいは、およそ異質な観点を容れる余地あるものであって、妥当とは言い難い。(客観的な)価値というものが、間主観的な評価の一致・間主観的に共有されている判断であるとすれば、それ自体は「侵害」あるいは「危殆化」され得ない。例えば、人の生命は何ものにも代え難く貴重であるという評価・判断自体は、現実に殺人が行われたとしても変わらない。(客観的な)価値は間主観的な次元を超越した何ものかであるとするのは、そのような発想自体が既に問題である上に、その「侵害」あるいは「危殆化」ということもまた現実社会と隔たったところの問題に過ぎなくなろう。いずれにせよ、それらの捉え方は、刑罰の発動を根拠付け得るものでもない。貴重である・価値あるが故に、人の生命を侵害あるいは危殆化してはならないという規範が社会的に発生・存在し、それが禁止規範として実定法化されて初めて、その違反が処罰され得るのである。その違反自体が法益の侵害あるいは危殆化であるとするのが不正確であるのは論を俟たないし、いわゆる価値の妥当要求違背を考えているものであって、公序良俗・醇風美俗の維持等の名の下で行われた(行われている)立法や解釈を考えれば、法益保護思想とは異質のものを容れる余地あるものであるといわざるを得ない。(客観的な)価値が物に付着《verhaften》したものとして捉える立場についても、付着《verhaften》する物自体が存在しない犯罪については途方に暮れる以外に術がないことは勿論、そうでない場合でも価値論的な構成を行う部分に関しては上と同様のことがいい得る。そもそも、犯罪行為が法益の「侵害」あるいは「危殆化」という結果に至る因果連鎖の設定・制御である以上、法益自体が因果的連接点たり得ること、「因果的に変更可能なもの」であることが元来的に要求されているのである。それはまた、法益保護思想の内在的限界の一である。

四　法益の要件②——「行為客体」及び「中間法益」との区別

法益を「因果的に変更可能なもの」として捉えるべしとするとき、直ちに提起され得るのは、行為の直接的対象として正にそのような機能を果たすものとして従前から捉えられてきたのは行為客体である、という異論であろう。それは、上述のような法益の価値論的構成を採る場合には、あるいは妥当し得るものではあろう。しかしながら、そのような法益の捉え方自体が妥当ではないのであり、また、行為客体が構成要件的に予定されていないという必ずしも少なくはない場合において破綻することも明らかである。逆に、行為客体が因果的に変更可能なものであることは、法益が因果的に変更可能なものであってはならないということを意味しないし、そのような属性のものが二つ（複数）存在してはならないということも意味しない。それぞれの果たすべき機能が異なる以上、行為客体の構成要件的に予定されている場合について、行為との「因果的に変更可能なもの」としての第一の連接点たる行為客体と第二の連接点たる法益とを共に観念することは、問題がないだけではなく、不可欠なのである。「法益」が行為客体（攻撃客体）とは別個のものとしての「保護客体」という概念で指称・説明されてもきた、という学説史的事実も、決して偶然ではないのである。

他方、行為客体と法益との区別を（一応は）前提としつつ、更にいわゆる「中間法益」と呼ばれるものを両者の間に意識的あるいは無意識的に挿入して理論構成することにより、実質的に、法益を「規範目的」等と等置しようとする（等置することになる）場合があるが、これも妥当ではない。この場合、中間法益と法益の双方がそれ自体としては「因果的に変更可能なもの」として構成されていたとしても、事情は変わらない。法益は、最終的には、中間法益に意味付け・価値付与を行うものとして機能しており、法益の侵害ないし危殆化とは、付与した意味・価値に反する因果的な状態が中間法益において生じていることを意味するのであって、法益自体における因果的な変更を意味しないからである。例えば、水や空気や土等の「環境媒体《メディア》」の複合から成る「自然環境」は個々の「人間の生存」の維持にとって必要であるが故に且つその限度でのみ刑法的保護が正統化される、と考える見解があったとしよう。それが、「環境媒体《メディア》」を行為客体として捉えた上で、「人間の生存」自体を最終的に維持されるべきものとして捉えて法益としていると解するならば、「自然環境」は中間法益であることになる。ある「自然環境」の破壊・劣化は、当該自然環境が「人間の生存の維持にとって必要であるが故に且つその限度でのみ」、法益の侵害・危殆化があったとして処罰されるのであって、人間の生存の維持にとって必要でないものであれば法益の侵害・危殆化はなく、原則的には不可罰なのである。このような理論構成は、理論学的な直截性・一貫性を欠いているのみならず、学説史的に見ても、法益という概念の一般的用法から大きく逸脱するものであろう。処罰を基礎付けるのは「因果的に変更可能なもの」としての法益の侵害ないし危殆化そのものである、と捉えるべきである。

なお、上の例において、「環境媒体《メディア》」を行為客体、「自然環境」を法益、「人間の生存の維持」を規範目的とすることとは、法益の概念規定の在り方という問題との関連では、何ら差し支えないことも、既に明らかであろう。むしろ、規範目的なき規範（定立）は無意味であって、その確定・明確化こそが重要なのである。

五　「自然環境」の法益としての構成の為の視座(3)

——「人間中心主義的法益構成」の視座と「生態学的法益構成」の視座

それでは、「自然環境」自体を何故あるいは如何なる目的の為に保護するのであろうか。環境という観念が歴史的に形成されてきたコンテクストとの関連において既に含意する構造、即ち、取り巻いているもの（自然環境）と取り巻かれているもの（人間）という対峙構造からすれば、形式論的に考えれば、それには、大きく言って、二つの答え方があり得る。取り巻いているもの（自然環境）それ自体の故に保護する、自然環境はそれ自体として保護に値する、という答え方と、取り巻かれているもの（人間）の故に保護する、自然環境は人間の生存にとって必要な基盤・条件であるから保護に値する、という答え方とが、それである。この二つの考え方は、共に、上に述べた対峙構造を、意識的にせよ無意識的にせよ、前提としているという意味において、人間を中心に置いた視点からする議論をしており、広義の「人間中心主義的法益構成」の視座と呼び得る。そして、後者の答え方が極めて自然に感じられ、特段の説明を要求しないのに対し、前者の答え方は、何故に自然環境はそれ自体として保護に値するのか、という更なる問いを直ちに惹き起こすであろう。その意味において、前者は未だ問いに答えたことになっていない。しかし、後者も、実は、根本的な問いに曝されることになる。即ち、それは、上述四の後半で中間法益について述べたような問題性は有しないにせよ、著しい抽象的危殆化犯化あるいは形式犯化（遥かに遠すぎる危険惹起の処罰）を肯定するものであって、実質的には前者と同内容の問いに答えることを求められているともいい得るからである。このことは、前者が、〝自然環境の変動は最終的には何等かの人間の生活利益等と結び付いているが故に、それ自体として保護に値する〟という形で最終的な回答を一般的にしていることに鑑みると、能く理解し得るであろう。後者を(a)純粋人間中心主義的法益構成、前者を、環境自体になお独自の保護価値を認める生態学的志向の存在を加味して、(b)生態学的―人間中心主義的法益構成と呼ぶ（生態学的―人間中心主義的法益構成は、環境犯罪取締法を刑法典中に取り込んだドイツにおける立法者・通説の採るところである）。なお、広義の人間中心主義的法益構成には、(c)行政的法益構成と呼ばれる見解もまた含まれ得る（ドイツで行政法学者を中心に主張されている少数見解であり、我が国では殆ど支持者はないように思われる）。人の生活利益の極端な抽象的危殆化犯あるいは形式犯を、行政による規制の利益の侵害という形に置き換えて実質化し、処罰を正統化するものと解することができるであろうが、そうだとすれば本末転倒という感じを否めないし、そもそも行政が自然環境の総ての側面を規制することに利益を有するものとして構成しようという発想自体が異様である。

人間中心主義的法益構成が人間と自然環境との対峙関係を前提とするのに対して、人間と人間以外のものの謂わば包括的な同格的相互作用・共生関係としての自然環境を前提とする場合に登場するのが、(d)（純粋）生態学的法益構成である。人間は、自然環境に対峙するものではなく、それに内包されている構成要素でしかなく、無意識的にせよ、極めて多方面において人間以外のものにより支えられつつ、極めて多方面において人間以外のものを支える、という形で包括的システムの一部として機能しているものと捉えられる。自然環境は、そのような包括的な同格的相互作用・共生関係であり、その部分的崩壊は全システムの瓦解・消滅へと連なる。この全システムは、その性格上、様々な次元での自己保存・防衛機能を内在するが、人間の法による保護もその一部である。自然環境の保護の目的を問うことは、従って、既に無意味であるが、敢えて答えるならば、全システム従ってまた同時に人間の自己保全の為（の自動的反応）ということになろう。

人間中心主義的法益構成と生態学的法益構成のいずれが妥当か、ということは、現時点においては、論理のレヴェルでは決し難いであろう。いずれも、十分に説得力ある根拠付け・説明を提出し得ていないからである。しかしながら、両者の対立が自然観なり世界観に由来するものであり、慣れ親しみ熟知した人間中心主義的法益構成の抱える限界が最早克服し難くなったところで、新たな生態学的法益構成が登場してきたということは、その可能性に賭けることを必要とするような状況が生じていることを示しているものと筆者には思われる。それは、地球環境保護が叫ばれるようになった近時においては一層強く感じられるが、増加し続けるワシントン条約等の様々な環境保護関係条約の国内執行法に含まれる罰則規定を眺めるだけでも、自ずと明らかとなるであろう。

六　「環境」という法益の定義

以上に述べてきたところに従うとき、「環境」という法益は如何に定義されることになるであろうか。[4]

生態学的法益構成も、仮想的な—自然のままの状態あるいは純粋な状態における環境・ユートピア的な環境を法益として捉えようとするものではない。あくまで現状における環境を包摂しようとするものである。しかし、しばしば（比喩的に）用いられる「環境そのもの」の保護という表現は、勿論、その莫然性・無規定性故に、既に法益規定としては妥当ではない。より実体的なものとして規定されなければならない。「環境媒体《メディア》」ないし「環境要素」の保護という捉え方は、一方で、いわゆる絶対的保護に至る危険性を有する点で、他方で、諸々の媒体・要素・生物の営み等から成る環境いう謂わばダイナミックな機能統一体《システム》を捉え切れていない点で、これまた妥当ではない。例えば、水ないし水体という環境媒体について、一般的に、それのみを且つ局部的に捉えて属性悪化の存否を議論することは、現実問題として不毛であるか、ファナティックな極論に立ち至る他ないであろう。水体は、通常、それ自体の含む成分により、その中に棲む生物の営みにより、あるいは、水辺の植生や水を求めて集まる動物の生存活動により、一定限度の変化に対する回復能力ないし自浄能力を有すると同時に、それら生物・植生・動物等により消費されてもいるのである。つまり、ヴェルツェルの著名な表現を転用していえば、それも〝In-Funktion-Sein〟の連鎖の一部分に過ぎないのである。その孤立した静的な把握は、法益規定としては、妥当とはいい得ない。ただ、明確性や実効性の担保等を含む立法技術的理由からは、(法益侵害的)行為の第一の連接点として因果的な変更可能性を有する水体を対象的に捉えることが合理的であり、従って、それを行為客体として構成要件中に規定することは、何等妨げられないし、望ましいものでもある。即ち、水体という行為客体を通して見たときについていえば、ある現状における水体の・(人間を含む)動植物や他の環境媒体との相互作用中において保有する動的な諸機能の全体を包含して成っている(小)生態系というものが、法益として捉えられるべきことになる。

七　結　語

比較的近時に至るまで、我が国刑法学の有力傾向は、環境の保護の為に刑法(正確にいえば、刑事刑法)を使用することに対しては、消極的な態度を採っていた。それは、一方で、人間中心主義的法益構成の上述の限界を意識した上での処罰範囲の非拡大政策の採用ということに因ると共に、他方で、保護されるべき実体の前実定的存在を(明確化に未だ成功はしていなかったにせよ)前提としつつ、それに対する実定法上の規範的保護の付与を目指して、その規範の形成自体の為に刑事法を使用すべしとする実践的な(行為無価値論的)主張への対抗という意味を有していた、といい得よう。このような観点から、良い環境を享受する権利ないし良い環境を求める権利という「あたらしい法益」の主張[5]の登場を眺めるとき、筆者は、予想はしていたものの、やはり驚きにも似た感慨を覚えざるを得ない。社会状況の変動に伴い、人間の生活利益等も確かに変わり、新しいものが登場することはあり得るであろうが、「法益」概念は再び何物をも呑み込むブラックホールと化してしまったのであり、可能的な保護範囲は一挙に景観等まで含むものへと拡大されようとしているのである。危険社会と呼ばれ、見通しの利かない現代社会における刑罰の利用の正統化の基準の一として、改めて「法益」概念の内実を明確に確認すると共に、そのような理論学を超えたポリシー枠組み（論）が求められていることの証左といえるのではないであろうか。

（1）なお、本章との関連において、現代刑事法三四号（二〇〇二年）〈特集〉「環境刑法を巡る諸問題」四頁以下の川端博・町野朔・伊東研祐「《鼎談》環境刑法の課題と展望」、二九頁以下の齋野彦弥「環境刑法の保護法益」、及び、町野朔「環境刑法と環境倫理（上・下）」上智法学論集四二巻三＝四号（一九九八年）八三頁以下、四三巻二号（一九九八年）一頁以下、同「環境刑法の展望」現代刑事法二四号（二〇〇一年）八一頁以下を参照されたい。また、「法益」の捉え方・属性等については、拙著『法益概念史研究』（一九八四年）を参照されたい。本章での記述の前提・趣旨がより明確に理解されよう。

（2）国際学会レヴェルでの「環境」の定義等については、第二章第二節三等で引用の報告書【本書一二七頁】を参照されたい。

（3）この問題については、ドイツにおける当時の議論を素材として検討した伊東研祐「環境刑法における保護法益と保護の態様」『刑事法学の現代的状況　内藤謙先生古稀祝賀』（一九九四年）三〇五頁【本書二三頁】以下をも参照されたい。なお、そこでの議論と、その後の展開をも踏まえつつ整理した形で述べている本章の内容とは、若干スタンス及びニュアンスを異にしている。誤解のないように意識して読んで頂ければ幸いである。

（4）以下の文章は、拙稿・前出註(3)三三〇－三一頁【本書四八－四九頁】に若干の修正を加えたものである。

（5）町野朔・前出註(1)現代刑事法二四号八一－三頁を参照されたい。

第四章　刑法の行政従属性と行政機関の刑事責任

——環境刑法を中心に——

一　はじめに——問題の所在

我が国の刑法理論学において「刑法の行政従属性（die Verwaltungsakzzesorietät）」という観念が特段の説明を要さずして一般的に通用するようになったのは、さほど古いことではない。それは、恐らく一九八〇年三月の（旧西）ドイツ第一八次刑法一部改正法「環境犯罪取締法」の制定前後の議論の学習の中で我が国に継受され、環境刑法という新たな学問領域における主要問題ないしキー・ワードの一つとして位置付けられたといい得よう。しかしながら、行政従属性という観念で何を指示しようとするにせよ、即ち、詳細な概念規定は一先ず措くとして、いわゆる「概念従属性（die Begriffsakzzesorietät）」をいうにせよ、「行政法規従属性（die Verwaltungsrechtsakzzesorietät）」をいうにせよ、あるいは、「行政行為従属性（die Verwaltungsaktsakzzesorietät）」をいうにせよ、そこで扱われている問題の実質は我が国においても古くから議論されて来たものに過ぎないともいい得るし、具体的な例を挙げるまでもなく、環境刑法の領域に固有のものである訳でもない。それにも拘わらず、行政従属性は好ましいものか、それを要求すべきか、行政（法）的規制や評価から独立した刑法自身による可罰的行動範囲の自律的構成が妥当か、等々の問題が環境刑法の領域で殊更に熱心に議論され続けてきた、少なくとも議論しようとされ続けているのは、一体如何なる理由に因るのであろうか。……環境刑法という学問領域は漸く成立し得たものの、実定法としての枠組みの変動は実質的に殆ど無に等しい我が国においては、各論者がイメージする環境刑法像そのものが大きく相違し得ることもあって、この問題に応えることさえ、実は必ずしも容易なことではない。一方において、環境刑法として――国民の生活利益の保護・抵触解消ないし調整の実現の為に、その手段として――環境をも保護しようとする既存の一群の行政刑法規定の全体をイメージするならば、あるいは、そのようなものを前提として展望的にイメージするならば、行政施策の実現の担保という行政刑法の特性上、環境刑法の行政従属性ということはむしろ論理必然的な要請であることになり、議論の中心は行政従属性の在り方及び程度とでもいうべきものに止まることになるであろう。勿論、その場合においても更に、無効あるいは違法な行政官庁（官署）の許認可の刑事法上の効果や、行政官庁（官署）による違法行為の黙認・放任あるいは許認可申請の不処理というような不作為の刑事法上の効果、更には、許認可取得要件を満たすにも拘わらず許認可を得ていない違反行為の実質的可罰性、そして、それらの体系論的処理の問題等々、玄人好みの白熱した議論の対象に事欠かないことは改めて述べるまでもない。しかしながら、それらが環境刑法に特徴的な議論状況というものを説明し得るものでないことも、また明らかであろう。他方、上の場合と異なり、環境刑法を――国民の生活利益の保護等と直接的に関連を有しない場合であっても――環境媒体あるいは生態系自体を保護することを主目的とする一群の（生成途上にある将来的な）刑罰規定の総体とイメージするならば、改めて指摘するまでもなく、そのような目的の実現の為に行政の介入を前提とすることが必然的なものであるか否か、ということ自体を先決問題として判断しなければならなくなる。それにも拘わらず、筆者の見る限りでは、この先決問題は（少なくとも、我が国においては）これまで正面から問われることなく今日に至ってしまっているように思われる。しかも、その未解決状態は、問題に対して予想される答えが肯定的である場合に関しては既に述べるまでもないであろうが、否定的なものであったとしても、即ち、行政の介入が必然的ではないとされたとしても、それにも拘わらず行政従属性を考えることが理論学的にあるいは実践的・法技術的に必要なのではないか、あるいは、望ましいのではないか、必要あるいは望ましいとして如何なるレヴェル・形態の行政従属性が妥当なのか等々の問題を更に検討する必要があるということにおいて、環境刑法について上の第二の捉え方をする論者が違和感・ギャップを覚えつつも、行政の介入を前提とすることを必然的とする第一の立場との間に表見的な議論を成り立たせてしまっていることにより、謂わば隠蔽されてしまっているのである。……このように眺めてくると、環境刑法との関係において殊更に行政従属性及びそれに付随する諸問題が議論され続けているのは、それら自体に解釈論的な重要性・面白さが存在することはいうまでもないものの、刑法の基本的な視座にも関わる核心的な問題の解が明らかにされていないが故に論者が謂わば自由(勝手)に語り得るという状況の裏返しに過ぎないことのようにも思われる。そこで本稿は、アングロ・アメリカ法系を中心とした非ドイツ語圏刑法学ないし環境刑法立法の動向が行政(法)的規制や評価から独立した刑法自身による可罰的行動範囲の自律的構成を試みつつあるように思われることをも考慮しつつ[1]、そのような我が国の議論状況を打破し、深化させる為の契機として、上述の先決問題についての一つの試論を示し、且つ、そこからの展開の骨子を素描することを第一の目的とすることとしたい。

環境刑法をめぐる議論の焦点の一つには、行政従属性と並び、あるいは、それと不可分一体のものとも位置付けられ得るであろうが、公務担当者（Amsträger）あるいは行政機関（Verwaltungsorgan）の刑事責任という問題が存する。環境刑法の行政従属性を基本において承認するとき、行政が環境保護に対して消極的であり、市民の環境侵害的な行動に対する適切な行政規制を(故意的にせよ、過失的にせよ)為さない場合には、規制対象者の当罰的な行為を不可罰とせざるを得ない。それが故に、不作為を含んだ意味での瑕疵ある行政行為について公務担当者ないし行政機関を処罰することにより、適切な規制行動に出るよう間接強制しようというのが、この問題の登場してきた歴史的な経緯である。(2) しかしながら、環境刑法の行政従属性が必然的なものでないとすれば、この問題の様相は大きく変化せざるを得ないであろう。のみならず、そもそも公務担当者等が行政機関として行った行動に対して機関そのものの刑事責任を問い得るのか否か、その実質的な意義・目的・効果は何処に存するのか、という問題自体、大陸法系の我が国刑法学にとっては未だ未知の領域に属するのではないであろうか。(3) 解答を出すことは不可能であるにせよ、今後の議論の進展の為にこの問題の視座を整理することを、本稿の第二の目的とすることとしたい。

環境刑法について、物的不法論ないし結果無価値論を基本とした体系による理論学的包摂可能性に疑問を持ち、それを（余りに語弊の多い表現ではあるが）いわゆる「刑法の人倫形成力」の妥当する領域の典型例として捉えて、刑法総論的・基礎理論的な興味からの一文をものしたのは、(4) 既に十数年前のことである。それ以来、未だに議論の現状打破・視座の整理ということをいう本稿を見ても明らかなように、筆者は、自らは理論学的に直接的・間接的に得るところは多かったものの、極めて遅々としたペースで謂わば摑み所のない議論を展開し続けて来てしまったように思われる。それは、学会ワークショップ等での御発言からして、恐らく実定法分析等にも立脚したより具体的な議論と立法提案等を含む成果の社会的還元との必要性を説かれるであろう中山研一先生からすれば、歯痒いというレヴェルを超え、最早許されない程度に達してしまっているともいい得よう。もう暫しの御猶予をお認め頂く契機となることを祈りつつ、また、これからの具体的立論への研鑽努力をお約束しつつ、本稿を先生の古稀のお祝いとして献呈させて頂くこととしたい。

（1）　例えば、伊東研祐「第一五回国際刑法学会総会（一九九四年・リオデジャネイロ）第Ⅰテーマ「環境に対する罪と刑法総則」の為の準備会議（一九九二年一一月二日〜六日・オタワ）報告書」刑法雑誌三三巻三号（一九九四年）五八七頁【本書一一七頁】以下、同「「環境刑法」に関する国連関連研究機関主催の二つの専門家会議・報告」ジュリスト一〇五三号（一九九四年）四六頁以下、一〇五四号九四頁以下、一〇五五号一二九頁以下【本書一四七頁以下】、同「環境刑法をめぐる近時の国際的動向―第九回国連犯罪予防及び犯罪者処遇会議ワークショップEへの参加報告を兼ねて―」国際人権七号（一九九六年）二二頁【本書二〇五頁】以下等の関連箇所を参照されたい。

（2）　このような解釈は、少なくとも公務担当者に対する（個人）刑事責任の追及の問題については、一般的なものであるように思われる。例えば、立石雅彦「ドイツ環境刑法の改正について」刑法雑誌三二巻二号（一九九一年）一八三頁、山中敬一「ドイツ環境刑法の理論と構造」法学論集四一巻三号（一九九一年）五七三頁以下、同「ドイツ環境刑法における解釈論上の諸問題」刑法雑誌三二巻二号（一九九二年）二〇四頁等を参照されたい。しかしながら、行政機関自体の刑事責任の追及の問題は、意識的なものであるか否かは定かではないが、必ずしも明確に言及されている訳ではない。

（3）　行政機関自体の刑事責任の追及の問題は、ある意味では法人ないし組織体の刑事責任という古典的且つ現代的論点を謂わば超越したものでもあって、大陸法系の国々においては暗黙裡に消極的な回答が予定されているせいであろうか、必ずしも明確な形で議論されて来た訳ではない。これに対して、アングロ・アメリカ法系の国々、筆者の知る限りでは、例えばオーストラリアやカナダ等では、既に行政機関及び軍等の国家機関・組織自体の刑事訴追が行われて来ている。

（4）　伊東研祐「「環境の保護」の手段としての刑法の機能」『団藤重光博士古稀祝賀論文集』第三巻（一九八四年）二六六頁【本書三頁】以下。

二　環境刑法の法益の構成視座と行政従属性

上に述べた通り、環境刑法にとって行政従属性の要求が論理必然的なものであるか否か、という問題に対する解答は、各論者の有する環境刑法像の如何に拠って、ある意味において、既に規定されているように思われる。ある意味において、という留保を付しているのは、「行政」という観念に関する筆者の理解を前提とする限りにおいて、という意味である。即ち、繰り返していえば、環境刑法に国民の生活利益の保護・抵触解消ないし調整という視座を中核として形成される行政施策の実行の為の実効性担保手段という機能を割り当てるときには行政従属性は必然的なものとなるであろうし、国民の生活利益の保護等とは直接的に関連付けられない環境媒体ないし生態系自体を保護するという機能を割り当てるときには行政従属性を必然的なものと考えるべきか否か自体が解決されるべき問題となるのである。勿論、「行政」というものに、国民の生活利益の保護・抵触解消ないし調整という機能を超えて、国民の生活利益の保護等に直接的関連を有しない自然環境自体の保護という機能を割り当てることも、理念論的には、不可能ではないであろうし、その場合においては、環境刑法の行政従属性を認める場合と認めない場合との間に環境の保護において実質的な差異は生じないであろう。しかしながら、それは、「行政」というものが自然環境の総ての領域について環境媒体ないし生態系への人間活動による負荷をコントロールしている（コントロールし得る）というう（少なくとも、そのような認識・意図を有している）ことを前提とせねばならず、およそ現実から乖離した見方といわざるを得ない。我が国の環境基本法（平成五年一一月一九日法律第九一号）の視座もそのようなものとは尚かなり異なったものであることは改めて強調するまでもないであろうし、環境保護が叫ばれるようになってからの既に相当長期にわたる経験的事実に反するものであることもいうまでもない。「行政」の活動が法に拘束されるとすれば、「行政」に割り当てられるべき機能、そして、現実社会の中で実際に割り当てることの出来る機能の如何は、結局は、行政法を人間中心主義的（anthropocentric）に捉えるか、生態系中心主義的（ecocentric）に捉えるかの差に帰着することになろう。現代の我が国の行政法体系が当面は人間中心主義的であり続けることを否定できないとすれば、当然ながら、それは環境媒体ないし生態系自体の保護を直接に意図するものではあり得ず、それに従属する環境刑法というものは「環境」刑法という名ばかりのものとなる他はないのである。そして、上の理念的相違は、既に述べるまでもなく、環境刑法の法益に関する人間中心主義的あるいは行政的構成と生態学的構成との対立に如実に反映されてくることになる。換言すれば、環境刑法の法益を如何に捉えるかに拠って、その行政従属性が必然的なものであると考えるか否かが決されることになるともいい得るのである。

筆者は遊学先のドイツで執筆した別稿(5)において、同国での議論を素材に、既に環境刑法の法益について論じたことがある。紙幅の都合上、詳細は挙げて同稿の参照に委ねることとし、結論のみ示せば、それは「現時点において正に試みられるべきなのは、生態学的法益構成と、それを支える法ないし国制観上の態度決定なのである(6)」ということであった。一例として「水体という行為客体を通して見たときについていえば、ある現状における水体の・(人間を含む)動植物や他の環境媒体との相互作用中において保有する動的な諸機能の全体を包含して成っている生態系というものが、法益として捉えられるべきことになろう(7)」ということであった。この結論は、ドイツの立法者及び通説の法益の捉え方(水体という環境媒体の相対的清浄性、即ち、保護対象化された時点での清浄性のレヴェル自体を法益と捉える)とは異なるものであるし(8)、ほぼ時を同じくして我が国で再開されていた環境刑法の法益を巡る議論(9)を踏まえて導出することの出来たものでもなく、それが故にか、このような生態学的法益構成の主張が我が国においてどの程度まで浸透し得ているのかも定かではないものの、筆者自身は、その基本を修正・変更する必要性を現在においても感じてはいない。むしろ、それらの本来的な意味や使用された社会状況中で当初果たした現実的機能は正当に評価するとしても、環境保護を人間の生活利益の維持・促進との関連において捉える「持続可能な発展／開発 (sustainable development)」や「世代間倫理ないし将来世代への配慮」等々の観念の流布さえもがもたらした事実的な環境破壊の正当化機能を鑑みるならば、生態学的法益構成の不可避性は一層明らかなものとなったといい得よう。従って、先に述べたところからすれば、環境刑法の行政従属性というものは論理必然的なものとして存するもの、あるいは、要求されるものではないといわなければならない。

なお、ドイツにおいては嘗て、三権分立主義や明確性の原則・白地刑罰規定の禁止等の観点から、環境刑法の行政従属性の合憲性を巡って盛んな議論が行われ、現在では合憲性を肯定するのが一般となっている。(10) 明確性の原則や白地刑罰規定の禁止等は、ある意味においては立法技術的問題であり、ここで扱う先決問題というよりは次節で論じる次元の問題であるが、三権分立主義の観点は軽視すべきものではないであろう。環境刑法の行政従属性が論理必然的なものであるとすれば、行政府の意思決定に立法府が実質的に従属することになり、また、司法府はその正統性ないし正当性の問題について事実上介入し難くなるからである。

(5)　伊東研祐「環境刑法における保護法益と法益保護の態様」『刑事法学の現代的状況　内藤謙先生古稀祝賀』(一九九四年)三〇五頁【本書一二三頁】以下。【法益としての「環境」については、更に、本書五一頁以下を併せて参照されたい。】

(6)　伊東・前出(5)三三〇頁【本書四八頁】。

(7)　伊東・前出(5)三三一頁【本書五九頁】。

(8)　伊東・前出(5)三二一頁【本書三八頁】以下、特に、三二三頁【本書四〇頁】以下参照。

(9)　例えば、伊藤司「環境(刑)法総論－環境利益と刑法的規制－」法政研究五九巻三・四合併号(一九九三年)六七三頁以下の他、山中敬一「環境刑法」ジュリスト一〇一五号(一九九三年)一二四頁以下、川口浩一「環境刑法の基礎理論(一)」奈良法学会雑誌六巻二号(一九九三年)一頁以下等を参照されたい。また、この時期は、丸山雅夫「水環境に対する刑法的保護」上智法学論集三七巻一・二合併号(一九九三年)一九一頁以下、同「原子力・放射線等と刑法－環境刑法の一場面－」南山法学一八巻一号(一九九四年)一頁以下等を初めとして、謂わば実定法解釈論志向的な環境刑法の議論が本格的に始まった時期でもあるといい得よう。

(10)　Vgl. z.B. Cramer in Schönke/Schröder, 24 Aufl., 1991, Vorbem §§ 324ff. Rn 4f.

三　環境刑法の行政従属性の意味と立法技術的必要性

筆者は、前節において、環境刑法の行政従属性というものは論理必然的なものとして存するもの、あるいは、要求されるものではないと述べたが、それは決して新規な／新奇なことを主張している訳ではない。我が国における議論の出発点を再確認する為に、黙示的に同意されてはいるが（あるいは、意識的に否定されてはいないが）必ずしも明確ではなかったと思われる事柄を強調的に示したに過ぎない[11]。同時に、それは、環境刑法の行政従属性を一切排除すべきである、という主張に直ちに結び付く訳でもない。既に述べたように、行政従属性の完全な排除がそもそも可能であるのか、そして、立法技術的に合理的ないし妥当であるのかということが、次の実践的な問題となってくるのである。筆者自身は、行政従属性を一切排除することも純理論的には妨げられないと考えるが、既にこれに対して幾つかの根本的な疑念が呈されている。主たる見解を挙げれば、第一は、環境保護の領域において当罰性ないし可罰性の限界を刑法内在的に確定することは不可能であり、行政法規に依存せざるを得ないというものであり[12]、第二は、従属性の排除によって生じることとなる行政的に許容された行為が刑法的に禁止・処罰される可能性を防止するには、即ち、法秩序の統一性（die Einheit der Rechtsordnung）の破綻を防止するには、行政従属性を否定し得ないというものであり[13]、第三は、行政従属性を排して記述された環境刑法規定というものは不明確か過度に広汎であり、国民の行動の自由を保障しようとする限り、行政従属性は放棄し得ないというものである。以下では、これらの見解の当否を検討していくこととしたいが、本稿の冒頭で触れたように、行政従属性という概念が視座を異にする幾つかの下位概念ないし観念を包含しているものであること、また、排除の可能性にせよ、排除の合理性ないし妥当性にせよ、相互に密接に関連する評価であるともいい得ることに鑑み、それらの下位概念ないし観念の指示する従属性のいずれの排除可能性が真に問題になり得るのかを明らかにしつつ、上述の実践的な問題を一括して議論していくこととする。

行政従属性は、一般的には、周知の三つの下位概念、即ち、(行政)概念従属性、行政法規従属性、行政行為従属性という下位概念を包含するものとして理解されている。[14] 概念従属性とは、行政の領域（主として、行政法規）において用いられている概念と同一の概念を環境刑法規定中において用いる場合には、その定義・意義は行政領域のそれに従属する、行政領域のそれと同じものとして使用し（また、解釈し）なければならない、ということを意味すると要約し得るであろう。この概念従属性が、いわゆる法秩序の統一性の観点からして好ましく、可能な限りは維持されるべきことはいうまでもない。しかしながら、それが排除可能であることは、刑法典と他の基本的法律との同一概念の異なった意義における使用（ないし解釈の論理的必要）さえもが少なからず見受けられることに鑑みても、既に明らかであろう（なお、行政法規上の概念規定の刑罰法規上における繰り返しを省略する為に行われる参照指示（Verweisung）は、明確に概念従属性を要求するものであるが、それは立法者自身の明示的な意思表示であるから、そのような立法技術が好ましいか否かは別論として、排除の可能性を議論する余地はない）。また、概念従属性は、行政領域における概念の意義を知る者にとっては、確かに刑罰法規の明確性と法的安定性とを保障するものではあるが、当該意義が技術的・専門的な事項に関わるものであってより多くの一般人には知り難い／把握し難いような場合には、不明確性と法的不安定性とを惹起することになるものであって、明確性を担保する上で放棄し得ないものであるとはいい得ず、それを要求する方が相対的に妥当であるというに止まるであろう。概念従属性が、極く一般論として、当罰的な環境破壊的行為の範囲を確定する上で有利に機能するものであろうことは否定できない。しかしながら、当罰的な環境破壊行為の範囲の刑法内在的確定可能性ということで問題とされているのは、刑法内在的に確定し得るのは具体的危殆化犯以上の「不法の大きい犯罪」のみであるに過ぎず、それ以外の実効的な刑罰的環境保護の為に必要な犯罪類型を規定ないし確定するには行政法規従属性または行政行為従属性が不可欠であるということであり[15]、概念従属性の排除可能性の問題とは直接的関連を有しない、あるいは、ディメンジョンを異にするものであるといわねばならないであろう。

そこで、行政法規従属性と行政行為従属性の排除可能性の如何ということになるが、それぞれの概念の意義を先ず示せば、行政法規従属性とは、環境刑法規定における環境破壊的行為の可罰性が行政法規の違反等を前提とし、それに依存して確定されねばならないという意味での従属性をいい、これに対して、行政行為従属性とは、命令・禁止等の個別的な行政行為への可罰性の依存性ないし従属性をいう、と概ね纏め得るであろう。この二つの従属性の内、行政行為従属性については、行政機関の懈怠・黙認等による行政行為の不存在の場合の可罰性の欠如という不都合の発生、行政機関の選択的ないし差別的な命令等の発布による処罰の不平等性・不統一性の発生、更に、場合に拠っては行政命令内容の非特定性故に白地委任性を生じるという不都合の発生等々の謂わば構造的問題点が指摘され、筆者の見る限りにおいては、ドイツにおいてさえも排除論が一般的な支持を得ているように思われる。それは、翻って考えれば、既に行政行為従属性の排除可能性を当然の前提としていることを意味するものであって、ここでこれ以上論じる必要もないことになろうが、敢えて付言しておけば、この排除論は、通常、行政法規従属性の相対的な強化ないし改善とそれによる置換をいうものであることに留意する必要があろう。即ち、行政行為従属性は、国民にとっての環境刑法規定の明確性・法的安定性の直截な確保と、行政機関にとっての一定範囲での裁量の余地の付与、換言すれば、刑法的許容性の個別事案毎の差別化の可能性の付与ということとを主たる機能・効果とすると考えられるが、後者の機能は法秩序の統一性の確保とは正に反対の方向に作用するものであって、上に挙げた行政行為従属性の問題点からも既に明らかなように、この点を根拠に行政行為従属性の排除・行政法規従属性への移行が主張され、より間接的な形ではあるが行政法規従属性を通じて環境刑罰規定の明確性が確保されることで足りると考えられているのである。それはまた同時に、環境破壊的行為の可罰性の範囲の行政行為従属性による個別的な確定ということも排除可能であり、また、行政法規従属性による一般的・統一的な確定の方がより好ましいものである、少なくとも、それで足りると考えられていることを意味している、といい得るであろう。

行政法規従属性は、上述のところからも既に明らかな通り、(環境破壊的行為の可罰性の合理的ないし実効的な範囲での確定ということを同時に含んだ意味での) 法秩序の統一性の確保を主たる機能・効果として保有すること、また、一定程度での環境刑法規定の明確性の担保という機能を果たすことを予定されている。従って、その排除可能性は、先ずは、法秩序の統一性の確保の為のより妥当な代替的立法技術が存するか否かということに拠り、副次的に、それと同程度の明確性を担保し得る代替的技術が存するか否かということに拠って決されることになるように (も) 思われる。しかしながら、法秩序の統一性の確保といっても、環境行政法上の禁止・許容等と環境刑法上のそれらとが常に一致していなければならないという意味での謂わば硬い統一性の確保は、我が国の刑法理論学の状況に鑑みても、最早問題とはなり得ないし、現に問題とされている訳でもない。環境刑法上は禁止ないし命令されず従って処罰されていないものが環境行政法上は禁止ないし命令されている、という場合が問題となるのでもない。環境行政法上は禁止ないし命令されていないもの (許容されているもの) が環境刑法上は禁止ないし命令され、その違反が処罰されている、という場合が問題となるのである。より正確にいえば、環境行政法と環境刑法とが同一の視座・観点に立脚しながら関連し合う各々の目標を追求する際において、そのような齟齬の生じている場合が問題となるのである。しかるに、上述のように、環境行政法が人間中心主義的観点を当面は維持し続けるであろう状況下において、環境刑法が生態系中心主義的観点に移行すべきである／移行せざるを得ないとするならば、両者の視座・観点は大きく異なるのであって、上の意味での法秩序の統一性の確保をいうこと自体が既に無意味であり、ましてや、それが環境行政法規への環境刑法の従属性によってのみ担保され得るとすることなどは凡そナンセンスであるといわねばならない。環境行政法規への環境刑法の従属性の問題は、環境行政法が生態系中心主義的に変化して初めて真に論じ得るようになるのである。——勿論、そのようなことは理念論であって、現実に生じて来るであろう環境行政法と環境刑法との齟齬を解消する為のプリンシィプルが必要であろうことは、筆者も否定しない。環境行政法が生態系中心主義的なものに変化した場合であっても、同様であろう。そのとき、我々は環境刑法が環境行政法規に従属すると考えるべきであろうか。答は、否であると思われる。行為客体であるいずれかの環境媒体を侵害し、当該環境媒体に（部分的にせよ）支えられた生態系という法益の侵害または危殆化に至る環境破壊的行為は、生態系中心主義的な法秩序においては、原則として禁止されねばならないものであり、刑罰という最も峻厳な法的効果を惹起するに値するものであるからである。その当罰性および可罰性は、いうまでもなく、行政法規の違反等を前提としなければ確定され得ないというものではない。即ち、環境刑法は行政法規従属性を有しない。刑罰という最も峻厳な法的効果を惹起するに値するような環境破壊的行為が環境行政法上は許容されていることがあるとすれば、本来的にそれが不当なのであって、環境行政法が修正されるべきなのである。いうならば、環境行政法が環境刑法に従属するのである。

環境破壊的行為の当罰性の範囲の行政法規非従属的な確定可能性の問題も、上述のところで実質的には既に答えられている。生態系の危殆化結果の発生（具体的危殆化）に至り得るような無視できない程度の可能性を有する環境媒体の侵害が当罰的なのである。勿論、そこでは専門的知識に基づいた可能性の程度の判断が要求されるであろう。

しかし、それは規範化され得るような一般的な条件を前提とする行政的判断ではなく、個別具体的な事情を踏まえた自然科学的判断である。従って、ここにも行政法規従属性は存しないといわねばならない。反面、このような形で当罰性および可罰性が確定されるということは、刑罰規定の明確性等の点からすると、問題のあり得るものといわなければならないであろう。行為客体たる環境媒体の侵害という次元でのみ刑罰規定が記述されるならば、客観的には、そのような環境破壊的行為は凡そ行ってはならないという明確な禁止が存し、明確性の要求には応え得るものの、過度の広汎性の問題を生じ得るからである。しかし、日常生活上不可避で一般に許容されているような環境媒体の侵害を超えるような環境破壊行為は、処罰されないまでも可能な限り抑止されて然るべきであるから、この広汎な禁止も正に過度に批判するにはあたらないものであろう。ましてや、この問題点を回避し得ることを理由に、行政法規従属性を根拠付けることもできないように思われる。

以上、生態系中心主義的立場に立った環境刑法においては、概念従属性や行政行為従属性はもとより、行政法規従属性をも排除し得ることを述べてきた。否むしろ、環境行政法が人間中心主義的であり続ける限りにおいて、どのレヴェルでの行政従属性も排除すべきであるというべきであろう。そのときに生じる可罰的な環境破壊的行為の範囲の実効的確定の立法技術的困難性や刑罰規定の不明確性・広汎性等は、全く問題ではないという訳ではないものの、生態系中心主義的な立場からすれば、問題点というよりは当然の事柄・帰結と見るべきであるもののように思われる。発想を転換して環境刑法の行政従属性という論点を捉え直し、具体的な生態系中心主義的な環境刑法規定案の作成を試みるという建設的な作業が今後の課題であろう。

(11)　ドイツにおける八〇年代後半以降の環境刑法改正論議においても、環境刑法の従属性は現実的には放棄できない、維持せざるを得ない、維持することが好ましい（が、緩和されるべきである）という見解が主流を占めている訳であるが（立石・前出注

（2）一八五頁以下所掲の見解等を参照）、それは、逆にいえば、必然的なものではないことを既に前提としているといい得よう。

（12）山中・前出注（2）刑法雑誌三二巻二号二〇〇／一頁。本来は、ドイツ環境刑法及び同国での議論を前提としての主張であるが、一般論としても同様に考えられるようである。なお、山中・前出注（2）法学論集四一巻三号五五〇頁をも参照されたい。

（13）ドイツでの行政従属性擁護論の主たる根拠であることは、改めて述べるまでもないであろう。

（14）更に、行政手続従属性（die Verwaltungsverfahrensakzzesorietät）ということが論じられることもある（Vgl. z.B. Franzheim, Die Bewältigung der Verwaltungsakzzesorietät in der Praxis, JR 1988, S. 319ff. und Schmitz, Verwaltungshandeln und Strafrecht. Zur Verwaltungsakzzesorietät des Umweltstrafrecht, 1992, S. 109ff.）し、「執行における行政従属性」という別個の観点からの概念も用いられることがあるが、ここでは紙幅の都合もあり、特に改めて論じることはしないこととする。

（15）山中・前出注（12）所掲の箇所、特に、法学論集四一巻三号五五〇頁を参照されたい。

四　行政機関の刑事責任

ドイツにおいて環境破壊に関する公務担当者（Amtsträger）の処罰ということが論点の一つとされてきた背景事情については、既に述べた[16]。この論点については極めて多くの論稿が発表されてきたが、前提となる一般的な正犯理論および不作犯論における見解の錯綜等の事情もあって、周知の通り、その解決の方向性さえ未だ必ずしも明らかではない。既に許された紙幅も時間も大幅に超過している本稿においても、その謂わば茫漠とした論争の全体を整理した上で、解決の方向性を打ち出すということは望むべくもない。しかしながら、前節までに述べてきたところからすれば、ドイツおよびそこから影響を受けた我が国における従前の議論が、環境刑法の行政従属性を（事実上の）前提とした上で、公務担当者の個人刑事責任を議論しており、その公務担当者の機関としての刑事責任を問おうとしているのではないということとの関連において、今後の議論の展開方向について一言しておく必要があるように思われる。それは、行政機関自体としての刑事責任を(も)問うことへの視座の転換ということである。環境刑法の行政従属性を前提とした公務担当者の個人刑事責任というものは、意識的であるか否かは定かでないが、主として、環境刑法規定の名宛人を(当該の公務担当者を含まない)国民と捉え、国民の当罰的な環境破壊的行為の謂わば促進ないし放置という職務上の懈怠を非難することを意味している。しかしながら、行政従属性を排除した環境刑法規定の名宛人には、当然ながら機関として行動する公務担当者も含まれるのであり、そこでの当罰的な環境破壊的行為の非難の構造は従前のものとは異なったものを含まざるを得ないのみならず、個人としては何等の落ち度もない正に適式な職務としての行動も含まれ得るからである。

行政機関ないし国家機関の刑事責任という問題は、しかしながら、自然人以外の法主体の犯罪能力の存否および刑事責任の理論構成さえ激しく争われ、且つまた「国家は悪/不法を為し得ず」という法格言の(少なくとも訴追実務上は)妥当している大陸法系諸国においては、殆ど未開発の論点である。近時の我が国の文献を眺めてみても事情は同様であって、殆ど議論されることもないといい得るであろう。反面、何故に行政機関ないし国家機関の刑事責任を問うことは出来ないのか、と改めて問うならば、その根拠は明らかではないということも否定できない事実である。筆者自身は、組織体の刑事責任に関する一般的理論構成上も[17]、国家機関ないし行政機関の刑事責任を問うことに特段の障害はないと考えるし、「国、地方公共団体……については、除外規定がない限り法人として処罰が可能とされているが、明文の規定で明らかにすべきである[18]」とする我が国における近時の理論状況の総合的調査に基づいた論定の存在に鑑みるならば、その理由は、おそらく、理論学的な次元にあるというよりは、事実的・感覚的な次元に存するに過ぎないものと思われる。確かに、国家機関である検察官が同じ国家の他の機関を訴追するということに違和感を覚える場合もあり得るであろうが、現代の巨大化した国家機構を考えるならば、部局組織的な逸脱行動の可能性というのはむしろ予想すべきものであり、その中には内部的な是正に止まらず外部的な介入に値し、それを必要とするものもあり得ると考えるべきであろう。また、処罰するとしても、現在の刑罰体系上、可能なのは罰金刑の負科のみであり、その財源は結局は国民の税金に求められるだけであって、さほどの効果は期待できないのみならず、実質的には国民に更なる負担を課すことになって、不合理であるという批判もあり得るであろう。しかし、罰金は再び国庫に帰属するのであって、国民に新たな負担を課する訳ではないし、国家機関・行政機関であれ犯罪を犯せば訴追されるということは、国民に対して法の支配ないし妥当を確証すると同時に、当該機関に対して失墜した信用を回復する為の努力を要求する強烈なインセンティヴを付与するのではないであろうか。なにより、刑罰体系の改善ということが開かれたオプションとして残っていることを忘れてはならないであろう。【追記】

(16)　本稿・前出注(2)の付された本文および同注所掲の文献参照。
(17)　伊東研祐「法人の刑事責任」芝原邦爾／堀内捷三／町野朔／西田典之（編）『刑法理論の現代的展開　総論II』（一九九〇年）一〇八頁以下【更に、同「組織体刑事責任論――同一視説、あるいは、いわゆる代位責任説を超えて――」『田宮裕博士追悼論集上巻』（二〇〇一年）三九九頁以下】参照。
(18)　大谷實「法人処罰の在り方――将来の立法の選択肢――（二）」同志社法学四三巻三号（一九九一年）一四頁。
【追記】　行政機関の刑事責任の問題については、本書八一頁以下をも参照されたい。

五　おわりに

本稿で述べてきた事柄は、ある意味においては、議論の一方の極を示したものである。そして、そこからは、更に幾つかの帰結が謂わば必然的に導かれる。例えば、行政従属性を排除した環境刑法規定というものは、その性質上、刑法典の中に置かれるか、特別単行立法を必要とするものとなるであろう。行政機関の刑事責任の主体性を認め、罪刑法定主義との関連から改めて規定することが必要であるとする場合にも、同様の立法形態が要求されざるを得ないであろう。それらの主張の根拠付けがなお余りに荒削りなものであることは、筆者も十分認識するところである。その主張によって実現され得るものは、いわゆる象徴立法（die symbolische Gesetzgebung）に過ぎない、という批判は可能である。しかしながら、我が国の環境刑法理論の展開に必要なものは、正に、生態系ないし環境そのものが人間の利益に劣後することのない重要な法益であることを象徴的に宣言し、その観点を徹底した立法モデルなのではないであろうか。生態学的‐人間中心主義的観点に立ったドイツ環境刑法から学ぶことは多いにせよ、自らのポリシーを確定せぬまま、無意識的にその観点に引きずられた学習・理論展開を行っても、そこに内在する問題点は克服し得ないであろうからである。中山研一教授の古稀をお祝いする本稿が、それに必要な視座の転換への一助となれば幸いである。

第五章　公務員・公的機関の刑事責任

一　問題の所在——公務員・公的機関の刑事責任不追及と環境保護

自然人であると法人等の組織体であるとを問わず、私人の行為が刑罰法規定ないし規範に違反する場合、刑罰の発動を考えることには何ら特段の違和感を覚えないであろう。それは、違反が環境刑法規定に関わる場合でも同様である。これに対し、違反行為の主体が国・地方公共団体ないしそれらの機関あるいはそれらの事務を担当する公務員である場合は、どうであろうか。改めて述べるまでもなく、これらの者が規範の名宛人から除外されていると解される刑罰法規定ないし規範も少なくないが、総ての者を名宛人としていると間違いなく解される場合であっても、国・地方公共団体ないしそれらの機関あるいはそれらの事務を担当する公務員を刑事訴追して処罰するということを聞くとき、少しく法律を学んだ者であれば殆どの場合、瞬時得も言われぬ感覚に囚われた後、そもそもそのようなことは理論的に又現実的に果たして可能であったろうか、と想い起こすのが通常であろう。少なくとも、国・地方公共団体ないしそれらの機関が刑事訴追・処罰されるということは、これまでの我が国においてはなかったし、広義でのいわゆる瀆職の罪・職務犯罪を除けば、公務員個人が当該人の職務上の判断の誤り等を理由に刑事訴追・

処罰されるということも稀であったといい得るであろう。勿論、近時でいえば、いわゆる薬害エイズ刑事事件で個人として業務上過失致死罪で訴追された旧厚生省生物製剤課長の例等もあるが、「行政の一担当者の過失として刑事責任を負わせるのは無理がある」(1)というような抗弁が説得力をもつ場合、敢えていえば、責任を追及される個人はスケープ・ゴートと目され、真の責任所在の明確化と同種事件の再発防止には役立たないような場合もあるように思われる。このような状況は、敢えて繰り返して言えば、環境刑法規定に関わる場合も同様である。しかしながら、自衛隊（軍）、廃棄物処理担当の衛生関係機関、治山・治水・道路設置・土地開発等を担当する土木関係機関等々の例を挙げるまでもなく、国・地方公共団体ないしその機関が組織として自ら環境汚染ないし破壊行為を行うことさえ、事実として、決して珍しいことではないし、私人の環境汚染ないし破壊行為を謂わば惹起・促進・黙認等々することは極めて多いといわねばならない。それは、諸外国においても全く同様である、あるいは、諸外国においては我が国に比して遥かに由々しい事態にあるともいい得よう。総ての者に関わり、且つ、総ての者によって例外なく努力が為されない限り維持の困難な環境というものの性質故に特になのであろう、そこでは、国・地方公共団体ないしそれらの機関あるいはそれらの事務を担当する公務員の刑事訴追・処罰を可能化しようという理論的並びに実務的な動きが継続的に為されてきている。我が国においては未だ議論の為されることの少ない問題であるが、公務員・公的機関の刑事責任追及がそもそも環境保護にとって効果があるか否か等の問題をも含め、コモン・ロー系のアメリカ合衆国等(追記)や大陸法系のドイツ等での議論を参考に、以下で検討していくこととしたい。

二　公務員・公的機関の刑事免責の根拠とその妥当性

(1)　コモン・ロー系諸国の状況

コモン・ロー系の諸国では、一般に、「王（女王）は悪を為し得ず（The King (Queen / Crown) can do no wrong.)」という法諺に由来するとされる主権者免責（Sovereign Immunity）ないし政府免責（Governmental Immunity）の法理が認められ、政府及びその機関は、その同意なき限り、訴えを提起されることはないし、個々の立法等で明示的に免責特権を放棄していない限り／個々の立法等で明示的に訴追可能性が認められていない限り、その代理人や公務員の不法行為(Torts)に関する責を問われることはない、とされてきた。コモン・ローにおける不法行為と犯罪(Crime)の捉え方のある意味での連続性に鑑みれば、この免責原理が犯罪による刑事責任にも及ぶと考えられることは不自然ではないであろうし、また、同一の政府の一方機関（司法省・検察官等）が他方機関を訴追するということの不自然さ・気不味さもあって、政府及びその機関の刑事免責ということは現実に古くからのコモン・ロー上のルールとして存在してきたのであった。もっとも、そこにおいて注意すべき点が二つある。第一は、上述の法諺の表現にも拘わらず、王（女王）であるにせよ、政府あるいはそれらの機関であるにせよ、不法行為能力あるいは犯罪能力の存在は疑われたことはないのであって、上述のルールは、あくまでも、訴えられない・責を問われないという謂わば公共政策的次元に止まるものである、ということである。第二に、直接行為者たる公務員等の責任については、優秀な人材雇用の確保と効率的な職務遂行の促進等々の観点から、現在でも少なからぬ場合に明文上の民事免責が認められてきているものの、刑事免責については規定がないことが殆どであり、従って、実定法上は刑事責任追及は可能であって、事実としてそれに消極的であったかつての状況が、近時、後述のようにやや変わりつつある[2]、ということである。

(2)　大陸法系諸国の状況

大陸法系の諸国においても、政府及びその機関が刑事責任を負わないという観念は間違いなく存在する。その理論的根拠は定かではないが、歴史的に見れば、周知のように、非自然人・法人ないし組織体の刑事責任・処罰という観念自体が当初から存しないか、近時になって漸く認められるに至ったものであるから、国あるいはその機関の刑事責任・処罰という観念が存しない、あるいは未だ存しない・確立していないというのは、むしろ当然であるともいい得よう。即ち、大陸法系の諸国において政府及びその機関が刑事責任を負わないということは、コモン・ロー系の国における免責の場合と違い、そもそも政府等を含む非自然人・組織体は犯罪を犯し得ない、犯罪能力を欠くという発想に由来するものであるといい得よう。また、直接行為者たる公務員等の刑事責任については、例えば従来のドイツにおいては、一九八〇年の第一八次刑法一部改正法―環境犯罪取締法の成立時においても、一九九四年の第三一次刑法一部改正法―第二次環境犯罪取締法の成立時においても[3]、特別の刑事責任を認める独立した規定も置かれなかった反面、免責規定も置かれなかったのであって、立法者は、他の法領域でも特別の刑事責任を認めている例はなく、一般的に認められる範囲の訴追・処罰可能性で十分であると考えていたようである[4]。判例・学説の多くも、特別な犯罪類型を除けば、環境刑法規範は基本的には公務員をも名宛人として適用されると考え[5]、その上で更に特別規定を設けることの当否を議論していたし、今でも同様な状況にある、といい得るであろう。それは、見方に拠れば、公務員レヴェルでの刑事訴追・処罰も余り活発なものではない、何等かの阻害要因が存することを示すものであるといい得よう。

（3）統一された行政の理論（Theory of Unitary Executive）と法秩序の統一性論（Theorie der Einheit der Rechtsordnung)

以上のように、コモン・ロー系の国においても大陸法系の国においても、その歴史的・理論的根拠は異なるにせよ、国ないしそれらの機関は(広い意味で)刑事免責されている反面、それらの事務を担当する公務員個人に関していえば、刑事訴追・処罰を受ける余地は存するものの、そのような事態は現実的には多くない・稀である、というのが現状であるといい得るであろう。この現実を理論的に正当化しているのが、コモン・ロー系の国においては「統一された行政部の理論（Theory of Unitary Executive)」であり、大陸法系の国においては「法秩序の統一性の理論（Theorie der Einheit der Rechtsordnung)」である。

既述のように、コモン・ロー系諸国における国ないしそれらの機関の刑事免責というルールは、謂わば公共政策的次元に止まるものであって、ポリシーを変更して主権者免責ないし政府免責という特権を放棄ないし剥奪することも不可能ではない。事実、アメリカ合衆国のカーター政権は、一九七八年の大統領命令一二〇八八号[6]において、連邦機関の管理・運営する施設が有した連邦環境法違反に関する免責特権を廃止し、連邦環境保護局（ＥＰＡ）長官に対して違反機関との対立あるいは違反機関と州との対立を解決する為にあらゆる努力を為すように命じたのであった。しかしながら、この大統領命令の効果は次のレーガン政権時代に著しく損なわれ、実質的に殆ど機能しないこととなる。その際に依拠されたのが「統一された行政部の理論（Theory of Unitary Executive)」である。即ち、いわゆるスーパーファンド法（CERCLA: Comprehensive Environmental Response, Compensation, and Liability Act）の施行に関する一九八七年の大統領命令一二五八〇号は、(7)同法に係る総ての司法手続は専ら司法省により又は司法省を通じて行うものとしたのみならず、ＥＰＡの管轄としたエンフォースメント活動についても一般的に司法省との協議を要求し、更に、連邦機関の管理・運営する施設に対するエンフォースメント活動は司法省との意見の一致(concurrence)ある場合に限って行い得るものとしたのであるが、(8)それは、行政部を大統領の専属的権威の下で有機的に活動する一個の統一的な組織体と捉え、行政部内の各機関相互での訴訟は大統領自身が自らを訴えるに等しく、連邦憲法三条によって連邦司法権の認められる「事件又は争訟」に含まれないものであって理論的に許されず、行政部内で解決されねばならない、(9)とする「統一された行政部の理論（Theory of Unitary Executive）」に基づくものであったのである。勿論、同理論の直接的な射程は、連邦機関のレヴェルに止まり、連邦公務員のレヴェルには及ばない。しかし、行政部を上述のような大統領を頂点として統一的に機能する有機的な一体として捉えるとき、個々の公務員は上位的に決定された政策・政策手段を執行するものであって、自ら（環境侵害的な）政策決定を行う権限というものは観念し難く、従って、その意思決定・行ったところについて刑事責任を問うことには否定的たらざるを得ないであろうし、また、執行上の懈怠があったとしても、それは自らの決するものではない予算や人員の不足故に生じることが少なくなく、訴追に際して謂わば責任減免事情として考慮されざるを得ないことになって、結局、連邦公務員の刑事責任追及は行われないということになるのである。

「法秩序の統一性の理論（Theorie der Einheit der Rechtsordnung）」は、我が国の（刑）法に強い影響を与えているドイツ（刑）法等において、様々な側面で援用され、機能させられている。本稿との関連でいえば、例えば、水質管理に関して権限を有する官署が或る企業に対して高度に汚染された排水の排出を許可したのに対し、当該排出を根拠に検察官が当該企業に対する水体汚濁容疑での捜査を開始することは、「法秩序の統一性（Einheit der Rechtsordnung)」を破るものであって、許されない、即ち、国家は、同一の行為を、ある法領域(例えば、環境行政法)では市民に許容しておきながら、他法領域(例えば、刑法)では禁止(処罰)する、というようなことは為し得ない、という形で説明される(10)。この理論は、対市民における権利保護の為に重要な機能を果たし得ることは否定できないが、既に明らかなように、対行政内部においては内容的に上述の「統一された行政部の理論(Theory of Unitary Executive)」に極めて近いものであるといい得る。国家機関ないし公務員が相互に矛盾する意思決定・行為を為すことはあってはならない、許されないのである。その矛盾回避は、これまた本稿との関連でいえば、環境刑法の行政従属性(Verwaltungsakzessorität des Umweltstrafrechts)を認めることに拠って行われ得るし、現に現行ドイツ刑法典の行ったところである。刑法は最終手段(ultima ratio)として過去の不法に対する回顧的対応を行うのに対し、行政ないし行政法は国家による国民の福祉実現(Daseinsvorsorge)の手段として謂わば将来の危険に対する展望的対応を行うものであって、その規制機序からしても、行政従属性を認めることは或る意味では自然であるともいい得よう。反面、行政従属性を認めることは、(直接行為者に結果の表象があるという意味で)故意に極めて甚大な環境破壊行為が行われても、それが行政法上の適法性・適式性を有する限りは可罰性を取得しないことを意味する。この結論が原則的に疑問視されない以上、そこから次に、表象可能な環境破壊を謂わば是認する或いは看過する公務員の当罰性という問題が議論の俎上に上らされることになるのは、むしろ当然であるし、既述の通り、現にドイツでも検討が為されて来たのであった(行政機関については、非自然人・組織体であってなお犯罪能力が認められず、従って、その当罰性ということもなお正面からは議論されないが、非自然人・組織体も課徴金(Geldbuße：過料・制裁金等と邦訳される場合もある)等の対象にされていることもあり、実質論的あるいは理論学的には既に議論の射程に入っている)。しかし、これらの行政機関や公務員は、法治主義の下では法令に拘束されており、裁量が認められている場合でもいわゆる羈束裁量に過ぎない場合であったりして、刑事責任を問うに値するだけの職務上の意思決定ないし政策決定上の自由を認め得べき者は、制度的に元来さほど多くないのである。このような事情は、結局、大陸法系の諸国も、コモン・ロー系の諸国が陥っている事態と同じ状態に在ることを意味するし、そこで述べた附随的事情も全く同様に妥当するのである。

(4) 刑事免責の根拠の評価

行政機関自体及びそれに謂わば附随するような形での公務員の刑事免責の理論的根拠付けを提供する「統一された行政部の理論」と「法秩序の統一性の理論」とは、質的には異なるものであるが、その対行政内部的機能は極めて似ている。いずれも、要は、国家行政(権)は、上位的に決定された/決定される意思・政策の執行部門として一体統一的に無矛盾的・効率的に機能しなければならず、また、行政(権)内部での矛盾が生じた/生じるときにも、それは全体の或いは機関相互の調整によって解決されるべきであって、機関相互の訴訟、就中、刑事訴訟により解決されることには凡そ馴染まないし、そもそも、ある行政機関あるいは公務員が独立して刑事責任を問われるべき実質的な政策・意思決定を行うようなことも稀である、ということになろう。しかしながら、それは理想・本来像としての行政のあるべき状態を述べるものであって、現状をそのような状態であると措定して(特に、外部からの援助の導入や矯正の為の介入の排除を)議論するのは、ナンセンスといわざるを得ないであろう。その意味において、「統一された行政部の理論」も「法秩序の統一性の理論」も、根本的な視座の歪みを持つものと批判されねばならない。「法秩序の統一性の理論」は、「硬い違法性(合法性)一元論」に立脚するものであるが、それだけが理論的可能性ではないことは、我が国においては同説がむしろ少数説であり、ある法規範の違背が必ずしも総ての法領域における法的効果を招致するものではないと考える「軟らかい違法性(合法性)一元論」、あるいは、そもそも各法領域毎に法規範の違背と法的効果を判断すれば足りると考える「違法性（合法性）多元論ないし多元的違法性（合法性）論」が多数説であることに鑑みても、最早多言を要しないであろう。前述の二つの理論が対国民的機能として有する法的安定性の保障という点は忘れてはならないが、それを認めることと行政内部での矛盾が存在し且つ内部的には調整不能である場合を認めることとが矛盾しないのは、正に「軟らかい違法性（合法性）一元論」ないし「違法性（合法性）多元論ないし多元的違法性（合法性）論」を採るが故である。

行政内での判断ないし具体的施策が相矛盾する場面に遭遇することは少なくなく、そのような矛盾を調整する公式又は非公式の機構が存在しないか、存在しても全く機能していない場合も何ら珍しくない。否むしろ、そのような事情下にあるが故に、矛盾が顕在化してしまうのが通例である。そうであるならば、そのような矛盾が現に生じて問題化してしまった場合には、将来に向けて行政内部的に当該矛盾の解決を図り、同種矛盾の発生防止策を採ることは勿論であるとしても、回顧的には、いずれの機関ないし公務員の判断・施策が正当もしくは妥当であって優先せられるべきであったかについて外部的・中立的な組織が客観的に判断して公にし、当該矛盾によって行政全体を含め市民・国家等が被った被害・不利益等を速やかに回復する為の基盤を形成することが不可欠であろう。それはまた、将来に向けての内部的な矛盾発生防止策の方向性を適正に維持ないし修正し、実効化することを保障することになる。そして、矛盾発生の原因が行政機関あるいは公務員の不相当な行為である場合、その行為の性質に拠っては、上に述べた機能を充足する為に、刑事訴追を考えるべきこともあり得るであろう。それは、コモン・ロー系の国においては、歴史的に見ても放棄ないし剝奪可能である主権者免責・政府免責という一個の政策を変更するに過ぎないものである（ちなみに、アメリカ合衆国では、個別事案について「独立」検察官を任命し、その捜査の結果に応じて、免責特権等を剝奪する／放棄させるという手法が既に用いられ得ること、周知の通りである。このような「独立」の機関、即ち、政府から分離された一種特別と観念される機関の利用は、確かに、一体たるべき行政の内部矛盾という問題点を理論的には回避し得るものではある。しかし、それは、実態としては、行政機関等も悪／犯罪を犯し得るということを前提としているものといわざるを得ないであろう。検察官ないし検察庁等が本来的に「独立」の機関であると位置付けられるとき、政府機関の訴追は個別レヴェルに止まらないものとなり得るであろう)。大陸法系の国においては、組織体に犯罪能力を認め、更に組織体の中に行政機関を含めるという変更を要求するものではあるが、現代社会において組織体に犯罪能力を認めざるを得ないことは既に明らかであり、また、その傾向は世界的な趨勢でもあって、特段の問題ではないであろう。組織体の中に行政機関を含めるという点も、要は、どこまで現実を直視しようとするか、ということに掛かっているだけである。ただ、改めて述べるまでもなく、現時点においては、幾つかの例外を除き、コモン・ロー系の国にせよ、大陸法系の国にせよ、これらの理論的変更に踏み切れてはいないのである。

三　公務員の個人責任の追及から公的機関の刑事責任の追及へ

上述したように、コモン・ロー系の国においても大陸法系の国においても、公務員の刑事法上の個人責任を問うという途は閉ざされてはいない。そして、行政機関自体の責任追及が上述のような理論等を以て事実上阻止されている以上、公務員の個人刑事責任を追及することによって自然環境を保護する方向性を追求するのは、謂わば自然の成り行きともいい得るであろう。「最も実効的で、且つ、恐らく最も効率的なアプローチは、連邦職員を環境侵害につき刑法上の責任ありとすることである。[11]」と述べた論者さえ存する位である。しかし、先ず確認しておくべきことは、このような論者の議論は、行政機関自体の刑事責任追及が事実上阻止されている状況下で採り得る最善策として、公務員の個人刑事責任追及の方針を主張しているに過ぎないということである。勿論、その背景には、論者の国であるアメリカ合衆国における長年の論争、即ち、組織体犯罪抑止の為には当該組織体白体の処罰と(組織体を運営する、あるいは、組織体意思を執行する)個人の処罰のいずれが実効的か、という論争における近時の個人処罰派の(再)攻勢[12]ということもあろうし、同様の観点からの競争保護法等のエンフォースメント実務における個人訴追の並行的(場合に拠っては、優先的)活用ということもあろう。しかしながら、組織体自体の処罰と個人の処罰とのいずれにより高い抑止の実効性が認められるか、という問いは、これまでの論争の継続という事実が示す通り、回答不能な状況にあるといわざるを得ないものであって、抑止の実効性という観点は、両者の理論的可能性が存する際に一方を専らあるいは優先的に採るべきことの根拠には(現時点では)成り得ない。それのみならず、抑止の実効性という観点は、処罰の正統性とは別次元に存するものであって、これを保障するものでもない。従って、抑止の実効性という観点自体は合理的刑事政策にとって重要な視点の一として維持するとしても、それ以外の観点から、いずれの行き方により正統性が認められるかという問題を考察する必要がある[13]。しかるときに看過すべきでないのは、刑罰が真に責任を問われるべき存在に科されているか否か、という観点、刑罰負科が適切に有責者を明示・宣言する機能を果たしているか否かという観点であるように思われる。………確かに、国家ないし公権力の係わる環境汚染ないし破壊活動においても、公務員個人が個人として責任を取るべき場合、責任を取れば足りる場合は存在するであろう。その職務懈怠の程度が甚だしく、結果においても重大な環境被害が生じたような場合には、個人刑事責任(当罰性)も担保され得よう。しかし、この記述から既に明らかなように、職務懈怠がない場合あるいは正に命じられた職務の執行として行われた場合等々においては、公務員に対する個人刑事責任の追及は不当・過酷なものと目され得ることになる反面、当該公務員が当該行為を実施する／させられることに至ったコンテクストや所属機関等の意思判断・政策判断の誤り、従って、責任の存在がクローズアップされてくるのである。具体的な例を挙げるまでもないであろうが、報道されている事例の中にも、プロジェクトとしての環境破壊としかいいようもなく、私人であれば当然に許可を得られないようなもの、何故に公であるが故に許されてしまうのか、処罰を免れるのか不可解なものが少なくない。そのような場合の正統的な行き方は、当然ながら、行政機関自体の刑事責任を追及することであり、それは上述の通り、理論的には十分に可能な状態となっているのである。「確かに、国家機関である検察官が同じ国家の他の機関を訴追するということに違和感を覚える場合もあり得るであろうが、現代の巨大化した国家機構を考えるならば、部局組織的な逸脱行動の可能性というのはむしろ予想すべきものであり、その中には内部的な是正に止まらず外部的な介入に値し、それを必要とするものもあり得ると考えるべきであろう。また、処罰するとしても、現在の刑罰体系上、可能なのは罰金刑の負科のみであり、その財源は結局は国民の税金に求められるだけであって、さほどの効果は期待できないのみならず、実質的には国民に更なる負担を課することになって、不合理であるという批判もあり得るであろう。しかし、罰金は再び国庫に帰属するのであって、国民に新たな負担を課する訳ではないし、国家機関・行政機関であれ犯罪を犯せば訴追されるということは、国民に対して法の支配ないし妥当を確証すると同時に、当該機関に対して失墜した信用を回復する為の努力を要求する強烈なインセンティヴを付与するのではないであろうか。なにより、刑罰体系の改善ということが開かれたオプションとして残っていることを忘れてはならないであろう(14)。」

四　おわりに

本節冒頭に述べたように、国・地方公共団体ないしそれらの機関あるいはそれらの事務を担当する公務員を（環境汚染ないし破壊に関して）刑事訴追して処罰するということは、ある意味では、極めてビザールな状況である。しかし、その感覚は、（今以上の市民の関心の高まりに応じて）関連情報の流通量が増大するに連れ、さほど強烈なものでもなくなり、むしろ、何故に国・地方公共団体ないしそれらの機関あるいはそれらの事務を担当する公務員は（環境汚染ないし破壊に関して）刑事訴追されないのか、という疑念の方が圧倒的なものになって来るのではないかと思われる。そして、その疑念が誤っているということを納得させ得るだけの論理的根拠は存しないのであって、要は、視座ないし発想を転換し、それに慣れることが主たる問題だと思われる。

（1）　日本経済新聞［名古屋支社版］平成一二年四月一八日夕刊一五面［四版］。いわゆる薬害エイズ刑事事件厚生省ルート公判における被告人質問に対する被告人の陳述として報道されたものの一部。同被告人に対しては、第一審東京地裁平成一三年九月二八日判決が、一九八五年末頃までには非加熱製剤の使用によるＨＩＶへの感染とＡＩＤＳ発病による死亡の危険性が予見可能であったとし、八五年五月に帝京大病院で非加熱製剤を投与された死亡患者との関係では過失を否定したものの、八六年四月に大阪医大病院で投与された死亡患者との関係で過失を認め、業務上過失致死罪で禁錮一年・執行猶予二年の有罪を言い渡した。同年一〇月九日、被告人側から控訴が為された。評釈として、大塚裕史・現代刑事法三五号六九頁等がある。

（2）　アメリカ合衆国の場合に関して、Margaret K. Minister, Federal Facilities and the Deterrence Failure of Environmental Laws: The Case for Criminal Prosecution of Federal Employees, 18 Harv. Envtl. L. Rev. 137, 172-3 (1994); Note (by Stephen Herm), Criminal Enforcement of Environmental Laws on Federal Facilities, 59 Geo. Wash. L. Rev. 938, 967 (1991) 等を参照。なお、本稿では明確に区別して記述していないが、連邦（政府・機関・職員）レヴェルと州（政府・機関・職

員）レヴェルでは議論が異なってくることに留意されたい。

（3）ドイツ連邦共和国の環境刑法の成立過程については、【本書一〇七頁以下】を参照されたい。

（4）Vgl. Beschlußempfehlung und Bericht des Rechtsausschusses (6. Ausschuß), BT-Drucksache 8/3633 vom 04. Februar 1980, S. 20f. 更に、公務員が訴追の危険に曝されて不安定化するのを避け、公務員の協力を得る方が妥当であるという一種の政策的判断を根拠に挙げる注釈書等も少なくない。

（5）Vgl. z.B. BGHSt 38, 325ff. = NJW 1992, 3247 m. Anm. Michalke, NJW 1994, 1693ff.; m. Anm. Jung 1993, 346f. und Schall, Jus 1993, 719ff.; Nestler, GA 1994, 514ff.; und BGHSt 39, 381ff. = NJW 1994, 670ff. = MDR 1994, 292ff. = NStZ 1994, 432; m. Anm. Michalke, NJW 1994, 1693ff./1696ff.; Anm. Rudolphi, NStZ 1994, 433.

（6）Executive Order No. 12088 of October 13, 1978, 43 Fed. Reg. 47707 (October 17, 1978)

（7）Executive Order No. 12580 of January 23, 1987, 52 Fed. Reg. 2923 (January 29, 1987)

（8）See Sections 4 and 6 of Executive Order No. 12580.

（9）Cf. Michael W. Steinberg, Can EPA Sue Other Federal Agencies?, 17 Ecology L. Q. 317, 325 (1990)

（10）Vgl. Regina Michalke, Umweltstrafsachen, 2. Aufl., 2000, S.6.

（11）Minister, supra note 2, at p. 172.

（12）Cf. Lawrence Friedman, In Defense of Corporate Criminal Liability, 23 Harv. J. of Law & Public Policy 834 (2000).

（13）なお、抑止の実効性ということは、アメリカ刑法学では一般に、消極的一般予防効果ないし威嚇予防効果との関連で考えられている。筆者は、一般予防として消極的・威嚇予防を考えることには反対であるし、抑止の実効性を消極的・威嚇予防と結び付けて考える論理的必然性もないように思われる。本文の記述についても、このような留保付きのものであることに留意されたい。

（14）拙稿「刑法の行政従属性と行政機関の刑事責任」『中山研一先生古稀祝賀論文集　第三巻　経済と刑法』（一九九七年）一三一頁以下【本書七八〜七九頁】参照。

（本稿は、平成一三年度科学研究費補助金（基盤研究（C）（2）・課題番号13620071・研究代表者　伊東研祐）による研究「組織体刑事責任論の新展開―同一視説・代位責任の克服と国家機関責任の追及―」の成果の一部である。）

（追記）　本稿脱稿後、上記科学研究費補助金の平成一四年度継続分により、公務員・政府機関等の刑事責任の追及の可否という問題を巡るニュージーランド及びオーストラリア（コモンウェルス及びニューサウスウェイルズ州）での理論状況を、それぞれ極く短期間ながらも、現地で調査する機会を得た。両国で著しい相違があり、それらはまた本稿に記したアメリカ合衆国での議論とも少なからず異なるものであったが、詳細は別稿に委ねることとし、得られた知見は本稿の修正に必要且つ可能な限度で最小限織り込むに止めた。

第II部　資料編

第六章　第六九回刑法学会大会（一九九一年）ワークショップ「環境刑法」

一　「環境刑法」という我国刑法学界で漸く市民権を得つつある分野を扱う初めてのワークショップである為、環境刑法というものの領域・性格等の一応の確定や論点の洗い出し・確認等が必要であろうとの観点から、オーガナイザー（以下、司会者と略記する）提出にかかるレジュメ（文中、ゴチック体で表記したのはレジュメの項目である）を手掛りに、参加者二〇数名による和気藹々とした雰囲気の中での自由且つ活発な議論が展開された。

二　先ず、司会者から、「環境刑法」というテーマが九一年一月の関西部会共同研究（概要につき、刑法雑誌三二巻一号一七三頁参照）においても取り上げられ、ドイツでの改正過程の紹介を中心としつつも、若手行政法学者を交えたその報告・議論からは、部分的には論点がかなり煮詰まってきたような印象も受けるが、我国における解釈論・立法論となると積極的提言が今のところなく、ワークショップの議論の組立て方の参考として十数名の会員に対し事前にアンケート調査を行ったこと、及び、その結果として、外国法制の紹介ではなく、あくまで我国について考えようという点での一致はみたものの、一方では、概念論・ドグマは無意味であって、現行法制における問題点を分析することから、今何が出来るか、何をすべきかを考えるべきである、という意見と、他方では、そもそも環境保護の為に制事制裁を利用すべきか否か、という大上段に構えた議論が必要である、という意見とが分かれたことが紹介された。そして、上述のような観点から、取り敢えずは、広く「**Ⅰ公害・環境破壊への刑事法的対応の現状**」の分析から入って行きたいという希望が述べられ、最初に、「**実定法制度：特に、その理念・視座の問題性。主たる目的の所在、法益**」との関連で、環境の保護ということが現行法においてどのように位置づけられているか、ということについての意見が求められた。

三　これに対しては、どのように位置づけるべきかという観点をも加味して、刑法各論の方法論との関連において、生活関係別あるいは社会領域別的な視点から、ある程度環境媒体の種類等を絞りつつも、環境に関わる刑法というトータルな視座からアプローチすることによって明らかになってくるのではないか、という方法論的サジェスションがなされたが、議論は、環境保護という場合の「環境」の意味は従来の法益観、生活利益という意味での法益とは違っていて、これによっては捉えきれない別個のものではないかという対立的（?）意見を契機に進展した。即ち、文化財保護法や自然公園法、更には瀬戸内海等の内水域保護や特定空港周辺の騒音防止の為の諸立法、各種環境保護条例、条約等を考えると、人の生活利益の侵害に関わるいわゆる公害刑法とそれを含み且つ超えた謂わば生活利益の基盤の保護に関わる環境刑法という方向に既に発展して来ているのであって、このことを明確に認識しつつ、従来の法益観で自然環境の保護を本当に説明し得ていたのかという解釈論的な見直し及び個々の環境媒体毎の分析・体系的再構成を通じての環境刑法の確立とを行って行くことが必要である、という意見が数名の参加者から述べられた。これに対しては、現在の人間ということだけではなく「次の、あるいは、将来の世代」という捉え方をすることによって、危険犯化・形式犯化するということはあるが、環境刑法というものも人間の生活利益に関わるものとして構成して行けるのではないか、自然環境そのものを保護しろというのと実質的に変わらない・対立しないのではないか、という意見も述べられた。

その他、法的効果という面からみると、環境保護の観点からいえば重要度を増すと思われる現状回復の為の手当て、例えば、罰金の現状回復資金への組み入れ等の発想・動きはなく、あくまで制裁として捉えられている点等からしても、公害刑法的視座が中心である、あるいは、遺伝子操作に伴う産出物の排出規制・環境内実験の規制等を典型として、現行法の枠組みでは捉えきれない事象が問題化してきている、等の指摘があった（なお、遺伝子操作技術関連の法規制に関しての学術会議における議論の状況については、後述の通り、本ワークショップでも関係会員からご紹介を頂いたが、紙幅等の都合上、詳細は省略せざるを得ない。刑法雑誌三二巻一号一八二頁参照）。

四　現行法規の「**運用・執行の実態**」に関しては、システム的な問題として、実際の運用にあたる行政機関が違反行為者を警察等に通告することは、①自らの指導等の失敗を認めることになり、②ただでさえ人的に不足しているところに、多くの資料収集、書類作成等の負担を求められ、③以後も違反行為者と継続的に付き合って行く上での阻害要因ともなる、等の理由から行われ難い、ということが法社会学的研究により明らかになってきていることが紹介された。このような状況の打破の為には、市民的関心の盛上がり＝行政への圧力の増加を図る上で、公害罪法を一度廃止してみるとか環境関係法を時限立法にするとかして、再考の機会を継続的に作出する必要がある、という意見も述べられた。また、上のようなシステム的な問題点に加え、環境白書等で明言されているように、そもそも運用・執行のポリシーとして、取締が廃棄物処理と水質汚濁に関するものに限定されてしまっているのであって、公害罪法を含めた多くの法令を使おうとする体制自体がない、目につくもの・証拠収集の容易なものの取締に片寄っているように思われる、という指摘が為された。

五　「**国際関係等により考慮を要求されている既定ファクター**」としては、国際保護動物・同製品の輸出入に関する国際的規制（ワシントン条約等）が典型例であるが、所謂ジプシー・タンカーや犯罪組織の参入等をも考慮した環境破壊廃棄物の輸出・国外（公海）投棄等に対する国際的規制、国内で使用禁止された農薬・殺虫剤等を典型とする環境破壊物質の輸出や国外生産に対する国際的規制等々、今後考慮すべき多くの場合があり、これら条約等の国内執行法には罰則が付され(てい)るのが通例であるが、それらを従来的な或いは「将来の世代」をも含めた意味での「人間の生活利益」という観点から本当に刑法的な意味で説明できるのであろうか、環境媒体・動植物自体に刑法的価値を認めて保護するのではなかろうか、そして、いずれにせよ、このような既定ファクターを意識に含めて考えて行かねばならないのではないか、という問題提起が為された。

六 現行法制度の「**改めるべき点は何処か。改めて出てくるものは何か**」については、生態系・環境媒体そのものを法益化すべきではないか、という点と、既に害されてしまっている法益・環境を保護する、今より悪くならなくするだけでよいのか、より良くするという形成的機能を考えるべきではないかという点について、意見が交換され、後者については、他法領域による保護・刑法の謙抑性を先ず可能な限り追求すべきである、不作為犯の無制限な拡大の虞がある、刑罰という効果が被ってくることを考えるとそもそも環境「刑法」の範囲の中にないのではないか、という批判的見解が数名から提出された。また、最後の批判と関連して、刑罰で環境を保護するということについての具体的イメージが問われたが、これに対しては、現状回復等をも顧慮した新たな形態・性格の制裁を考える必要があろうという意見が述べられた。

七 外国法制の動向として、ドイツの第二次環境刑法の改正過程とアメリカでの大気汚染防止法等の大改正・連邦環境犯罪取締法案及び司法省における環境犯罪取締へのプライオリティーの付与等が紹介された。

八 以上のような現行法制についての一時間程の議論・問題点の確認を踏まえ、次に、「**II 環境刑法（学）の構想**」という観点から、個々の問題点についての踏み込んだ意見交換・相互批判を行っていきたいと司会者から提案があり、既に触れられてきてもいる「**法益**」をどう捉えるべきかという問題、特に、環境媒体・自然構成物自体に価値を認める生態学的法益観を採るか、行政的に管理された社会（構成員）全体にとっての利益というような法益観を採るか、について両立場からの意見表明が行われた。その過程で、先ず第一に、生態学的法益観をとったとして、そして、その要保護性を認めたとして、如何なる法的手段の使用が妥当なのかが検討されるべきである、刑法を用いるには、民事法的・行政法的手段の非実効性を実証的に証明する一方で、刑罰的介入の正統性・適合性を論証してゆく必要がある、という今後の課題の一つが確認された。次に、環境保護と同様に法益観の変更を迫られているような現象は他の領域にもあるのかが問われ、情報や経済秩序等を所謂システム法益として捉えれば類似性があるともいい得るが、環境というものは矢張りそれらとは違い、独立の価値を持つものではないか、しかし、行政法による規制・管理を主体とする現行法制を前提とすると管理法益として捉える必要が出てくるのではないか、という解釈が提出され、そこから、議論は「**行政従属性**」の問題を含めてゆくこととされた。

九　即ち、行政従属性を謂わば単なるポリシーと解するにせよ、行政法規従属性と解するにせよ、行政行為従属性と解するにせよ、ドイツで行われているような生態学的法益を採ることと行政従属性を認めることとを本当に論理整合的に説明できるのか、通常イメージされるような行政従属性を認める限り生態学的法益保護はリップ・サーヴィスに過ぎないのではないか、行政従属性の捉え方を変える必要があるのではないか、ということが、問題として提起され、生態学的法益の採用が行政官庁を義務付けると構成して行かなければ、例えば、監督官庁の不作為の処罰ということも説明できないであろうという意見が述べられた。これに対しては、論理的に一貫すればそうかもしれないが、法益と行政従属性の問題はレヴェルをやや異にしているのであって、論理的説明は可能であるし、行政従属性を取ってしまうと環境犯を漠然とした構成要件の実害犯として捉える他なくなる、という意見が述べられた。また、民事法的・行政法的手段の非実効性を実証的に証明する一方で、刑罰的介入の正統性・適合性を論証してゆく必要があるという先に確認された課題との関連において、現に行われた民事法的・行政法的手段の内実・有効性を検討することや、環境刑法という新たな手段を受け入れる裁判所・検察の状況・能力等をもトータルに考慮してゆくこと、更には、現行法制において行政と司法とが関わり合う場合に関するモデル論的分析、行政規制の被規制者にとっての免罪符化の虞の分析等々も必要である等の意見・要請が付加された。（ここで一五分程の休憩）

一〇　休憩後は、遺伝子操作技術の野外ないし開放系実験の法的規制に関する学術会議における議論状況の紹介を契機にして、我国における環境保護（刑事）立法のイニシアティヴ論から話が始まった。即ち、環境庁以外の官公庁は勿論、産業界からもそのような動きは全くないが、ドイツでもアメリカでも学者・学者団体あるいは裁判所の判決を受けた議会がリードしたのであって、謂わば中立な立場に立てる学術会議あるいは刑法学会ないし学者グループが立法を推進すべきではないか、従来の刑法学は「後始末」をすればよいとだけ考えてきたが、最近は先行してやるべき場合もあると考えて動いている様子もあり、環境保護はそのような場合に該るのではないか、特に官庁主導型ではない立法が環境保護の場合には重要なのではないか、等の積極的対応を求める意見が述べられた。なお、ドイツでの立法化との関係で、同国においては刑事制裁を用いれば連邦の管轄下に置かれることになるし、逆に、連邦レヴェルでの規制を考えると刑罰を付するのが手っとり早い、ということがあり、行政従属性を考える際をも含め、この点に留意する必要がある、ということも指摘された。

次に、議論を「**行政従属性**」という本筋の問題に戻す、という観点から、司会者が主たる規制対象行為者を企業と一般人のいずれと捉えるべきか、例えば、現行の管理法益的発想や業法規制的色彩を脱するには一般人をも対象化することも一つの手ではないか、というような問題提起を行った。これに対する意見は様々であったが、賛否は別論として、結局は破壊される環境の大きさ・損害の大きさの問題に帰着し、行為主体を区別する根拠はないし、小規模破壊の場合であっても環境という法益は極めて重要なものなのだという発想を採れば、既に述べたような課題の充足を前提としつつ、個人の生活・立ち振舞いにまで刑罰権を及ぼすことも許されることになろうという予測・捉え方が多かった。なお、既に若干の紹介が為された「**行政従属性**」の概念内実そのものについては、時間の都合もあり、未だ概念論に止まってしまう虞もある、ということで、それ以上は立ち入らなかった。

一一　「**法益保護の意味：環境刑法の機能**」については、現状より劣化させないというだけでなく、元に戻せ、ということは出来ないのか、あるいは、現状を改善する・より良くする為に刑法を使うことは出来ないのか、それは行政の問題であるといっても、行政罰則が使われるのが常であって、それを説明できるのか、という問題提起が為された。元に戻せということについては、構成要件レヴェルで環境劣化を要件としつつ、制裁・刑罰の形態として現状回復を求めることは理論的には可能ではないか、という意見があったが、その場合でも現状回復ということの意味・環境刑法における制裁論を明らかにする必要があるということが指摘された。現状を改善する為の刑法の使用ということについては、当初、問題提起の趣旨が巧く伝わっていなかったようであったが、それが従来の法益保護原理の発想と整合するのか・刑法の形成的機能を認めるのかという問題に連なることが確認され、若干の一般的消極意見が述べられた。しかし、結論は別として、「行政に委ねる」と言うだけではなく、より積極的に取り組むべき課題であることは参加者の間に合意が成立したように思われる。

一二　「**保護の方式・形態**（**犯罪規定形式**）」に関しても、終了予定時刻が差し迫った為、十分な議論は出来なかったが、最も実現可能性の高い（且つ、大変な作業であることも間違いない）方途としては、散在する環境保護関係罰則を集合・分析・整理して一つの特別刑法典にしてゆくことが、一般予防効果の観点からしても望ましいであろう、という意見が多く聞かれた。実害犯ないし具体的危険犯を中心に構成していくのか、形式犯・抽象的危険犯を中心にするのかという点については、可能な限り前者に近付けるべきであろうが、そうなると構成要件の規定方法や因果関係の立証等の馴染みの問題が出てくる、という指摘があった。

「行政官庁若しくは公務担当者処罰」という問題は、我国においてはもう少し将来の問題であろうということで、その所在を確認するに止めた。

一三　最後は、散在する環境保護関係罰則を集合・分析・整理すること自体にも大きな意義があるから、ワーキング・グループを創設して来年までに具体的な叩き台となるような環境刑法試案、少なくとも、そのポリシーないしガイドラインを作成したらどうか、刑法学会大会の共同研究のテーマとするような視座・意気込みで研究を進めて頂きたい、「環境保護」の理論学的・現実的意義を刑法学会員が十分認識するようにしてゆかなければならない、等々の感想的発言で、来年度以降のワークショップでも継続的に議論してゆくべきことについての合意の形成を確認しつつ、幕を閉じた。

（付記）　本記録の執筆にあたり、名古屋大学大学院法学研究科博士課程一年・河村靖彦君から、ワークショップの録音及びテープ録音の文書化という多大な協力を得た。改めて心からの感謝を申し上げたい。

第七章　ドイツ連邦共和国における環境刑法の成立と展開

一　ドイツ連邦共和国における刑事法的環境保護の展開

第二次世界大戦後、我が国と同様、短期間に目覚ましい経済復興を遂げた西ドイツ地域(1)の環境破壊は、一九六〇年代中頃までには既に相当深刻な程度に達し、危機意識の急激な高まりと共に、環境の保護に向けた諸策が採られ始めた。しかし、「環境保護（Umweltschutz）」という概念が英語からの翻訳を通じて定着したのは漸く一九七〇年になってからである(2)、といわれることにも示されるように、ドイツにおいて環境保護の為の法的枠組みの定立と立法的手当が本格的に行われ始めたのは、七〇年代に入ってからである。即ち、連邦政府は、一九七一年に「環境綱領(Umweltprogramm)(3)」を提示することによって、連邦レヴェルでの統一的な環境(保護)政策の策定への大きな一歩を踏み出したのであるが、それと同時並行的に、緊急の対処療法的な法的手当てが必要とされていたことは改めて述べるまでもなく、連邦政府及び各ラント政府は、保護対象や手法に関する統一的な了解のない状況下において、謂わば試行錯誤的に、極めて多数の環境保護に関する特別法令の制定・改廃を行い始めたのであった。

さて、そのようにして始まった西ドイツ地域の環境保護法制の展開・整備であるが、本稿との関連において先ず言及すべきなのは、七一年の連邦政府「環境綱領」の基本的視座とその比較的に短期間における変化及び刑事法的環境保護立法政策への影響についてであろう。

「環境綱領」の基本的視座は、一言でいえば、人間の尊厳に相応しい生活の為に必要な環境の確保ないし保護、あるいは、現在及び将来の人間世代の直接的また間接的な保護ということであり、極めて伝統的な人間中心主義(anthropocentricism)の立場であった。それは、同じく七一年に公表された所謂「刑法対案」の「各則：人に対する罪」における「個人の危殆化」としての環境犯罪という捉え方の根底にある視座と一致するものでもあった。対案グループは、正にそのような視座から捉えるが故に、環境犯罪の刑法典中への取込・規定を主張したのであるが、(5) 連邦政府がこの点について如何に考えていたのかは必ずしも明らかではない。(4) 七一年時点において、連邦政府は、人間の尊厳に相応しい生活の為に必要な環境に対する基本権（以下、「環境権」と略記する）を基本法の中に採択・規定しようと意図していたのであるが、そのような基本計画からすれば、環境権を侵害する環境犯罪の刑法典中への取込・規定ということも視野に入れられていた、と考えても不合理とはいい得ないであろう。(6) しかしながら、基本権たる環境権の保護という意味での環境保護ということに対しては、そのような環境権が内容的に国家に対する国民の特定的・具体的な請求権を基礎付け得るようなものではないこと、換言すれば、個人の権利ではなく、市民全体にとっての利益を表すものであること等々を理由とする疑念・批判が提示され、連邦政府も、早くも七六年の「環境報告書(Umweltbericht)」(7) で、上述の当初の基本計画を放棄することとなったのであった。即ち、連邦政府は、環境保護を（国民の基本権としてではなく）「国家目的」として基本法の中に採択・規定することにより立法府への憲法的委託(Verfassungsauftrag)として構成・実現する方向を打ち出しつつ、多くの個別法令に分かれている環境法を体系的な統一環境法典に纏め、その中に、刑法的保護の生態系的財への拡大と核心的諸規定の刑法典中への取込とによって先ずは創設される現代的な環境刑法をも編入していくことを考えたのであった。[8] 刑法典中に規定された環境保護の為の刑罰規定という上の意味での環境刑法の創設という方法によってのみ、環境保護に関する総ての領域の統一的で熟慮された適正な規制が為され得るし、また、環境保護刑罰規定の一層の実効性とその周知徹底が達成される、と考えられたことはいうまでもない。[8] もっとも、環境保護を基本法中に謳う「国家目的」規定の採択と統一環境法典の編纂のいずれについても、以後当面は、実質的に追求されぬままに止まり、[9] 刑法的保護の生態系的財への拡大と核心的諸規定の刑法典中への取込だけが実現することとなったのであった。

既に七一年の「環境綱領」において連邦政府の検討事項とされ、また、「対案」を初めとした幾つかの明示的な立法要求も為されていた為であろうか、[10] 七六年「環境報告書」で示されたような環境刑法の創設への動きには迅速なものがあった。先ず、「環境報告書」公表から二週間を経ずして、限定的な人的範囲に対してであったとされるが、「水体の汚濁」「有害な排出（Immission）による環境の危殆化」「環境を危殆化する廃棄物の処理」「施設等の設置・操業等（Anlagen）による環境の危殆化」「保護区域内での環境の危殆化」という五つの環境犯罪規定を含む「第六次刑法改正法担当者案」[11] が連邦司法省により検討対象として提示された。そして、七八年五月には、構成要件の明確化等の観点から、「水体の汚濁」規定はそのまま維持されたものの、「有害な排出による環境の危殆化」規定の削除及び「核燃料の不法な取扱」「毒物の放出による重大な危殆化」両規定の付加を含め、担当者案に大幅な変更・拡充を加えた「第一七次刑法一部改正法－環境犯罪取締法－案」[12] が公表され、次いで早くも同年九月には、同案を基に更に改訂と「大気汚染及び騒音」規定の加えられた「第一六次刑法一部改正法－環境犯罪取締法－案」[13] が連邦参議院に意見表明の為に送付され、一〇月二〇日の同院の意見表明を経て、一二月一三日に「第一六次刑法一部改正法－環境犯罪取締法－案」[14] として連邦議会に提出されたのであった。法案の附託を受けた連邦議会法務委員会は、様々な分野の専門家及び各種の利益団体代表者に対する書面による意見提出の要請やそれらの者の連邦議会における公聴会(七九年六月二五日)を行い、一四回にわたる慎重審議の末、八〇年一月一六日に審理を終了し、同年二月四日に連邦議会に対して決議勧告と報告書[15]の提出を行った。その内容は、専門家等の表明・指摘した多くの批判・疑念・問題点そして修正提案の存在にも拘わらず、政府案を基本的に支持して最小限の修正・補完を加えるに止めたものであったが、連邦議会及び連邦参議院もこれに従う途を選び、八〇年三月末に「第一八次刑法一部改正法－環境犯罪取締法－[16]」が成立したのであった。

以上のようにして、西ドイツ地域においては、生態系的財(ecologische Güter)ないし環境媒体(Umweltmedium)そのものを保護する規定が、新たな各則編第二八章「環境に対する罪」等として、刑法典中に取り込まれ、八〇年七月一日に発効した。その内容的詳細は次節に述べることとして、ここではドイツにおける環境刑法のその後の展開経緯を追うことにするが、極めて特徴的であったのは、「第一八次刑法一部改正法－環境犯罪取締法－」の成立直後から、次なる改正への活発な議論が開始されたことである。

改正への議論は、「第一八次刑法一部改正法－環境犯罪取締法－」の審議過程において既に指摘されながら未解決のままにされた問題点を、大規模環境破壊事件の発生とそれによって示された法的対応制度の欠如を背景としつつ、環境犯罪取締(環境保護刑罰規定の執行)に関する実証的研究等が明確化するという形で展開せしめられたといい得るであろう。即ち、理論学的には既に、①環境刑法の法益を如何に捉えるべきか、という法益構想の問題、②各環境犯罪を結果犯・抽象的あるいは具体的危険犯等のいずれとして、また具体的に如何に構成すべきか、という規定形式の問題、③刑罰法規の明確性を確保する上でも、また、行政法的規制との整合性・実効的結合を図る上でも用いられざるを得ない行政法上の諸々の概念・基準や、許認可を含む個々の行政処分の効果等々に環境刑法は如何なる程度で従うべきか、という行政従属性の問題、④より実効的な環境保護の為に環境破壊に直接あるいは間接的に寄与した公務担当者の刑事責任を問うべきではないか、という公務担当者処罰の問題、⑤企業活動による環境破壊への対処の為に企業内の監督的立場にある人間の刑事責任を問うべきではないか、問うべきであるとすれば如何に理論構成するか、更に進んで法人自体の刑事責任を認めるべきではないか、という法人による環境犯罪への対応の問題等々が主要な論点群として認識されていたが、これらの問題が、法執行面に関する八〇年代に行われた幾つかの実証的研究や八八年の第五七回ドイツ法曹大会刑事法部会に提出された具体的改正提案を含む諸論稿により、正に重大な環境破壊を捕捉できないことに繋がっていること、いわゆる「執行の赤字」を生じせしめていることが明らかにされ、(理論学的議論の広がりに比すれば、結果として余り実り多きものとはいい難いものの)漸く具体的な改正作業が着手されたのであった。この改正作業の背景には、九〇年のドイツ再統一によって東ドイツ地域(旧ドイツ民主主義共和国)から〝負の遺産〟＝環境破壊の極めて進んだ国土を引き継ぐこととなることによる国民の環境保護意識の一層の高揚という状況が存したことも忘れてはならないであろう。

具体的な改正作業の動きは、いわゆるSandoz-Unfall[17]を契機として連邦司法省と連邦環境省とにより八六年末に省際レヴェルで組織されていた作業グループ「環境責任法及び環境刑法」の環境刑法部会が八八年一二月一九日付けで報告書[18]を提出したことに始まる。これを受けて、連邦内閣は、翌八九年一月二四日、連邦司法省に対し、同報告書に基づいて政府改正草案を起草するよう附託し[19]、政府の改正への基本的スタンスを公に示したのであった。それは、一言でいえば、公務担当者処罰規定の創設等の大幅な制度変更を必要とする改正は勿論、広汎な同意の存する必要最小限以外の改正は行わないという極めて消極的なものであり、一般的な支持を得難いことの予想されるものであった。さて、連邦司法省は、丁度一年余りをかけて、第五七回ドイツ法曹大会決定等をも踏まえつつ、政府草案を作成し、九〇年二月一四日に「第二次環境犯罪取締法草案」が閣議決定されるが、基本とされた作業グループ報告書の方向性からして既に不満であった社会民主党（SPD）が独自の法案作成・提出の途を選んだ為、[20]（基本法七六条二項に拠り、連邦参議院の先議に付され、従って、連邦議会への提出が遅れる政府草案とは別個に）キリスト教民主同盟／キリスト教社会同盟（CDU／CSU）と自由民主党（FDP）との共同法案[21]として連邦議会に提出されることとなる。両法案の審議の附託を受けた法務委員会は、三月七日の委員会で四月二七日に公聴会を開催することを決定した。同公聴会は五月一七日に日程変更して開催されたが、現行の環境刑法の「執行の赤字」状態等の問題性・原因が指摘された他、両法案はいずれも尚不十分であって、特に土壌に対する固有の保護を与えるべしという点で意見陳述人の見解の一致を見た、とされている。[22]他方、連邦政府の「第二次環境犯罪取締法草案」も漸く五月一〇日には連邦議会に提出され、[23]五月三一日に主管の法務委員会のみならず、内務委員会・経済委員会・労働社会委員会並びに環境委員会の各審議に附託されることになったが、結局、三法案ともに、連邦議会の第一一被選期間(Wahlperiode)切れの憂き目に会って、不成立に終わったことは周知の通りである。[24]勿論、連邦政府は、第一二被選期間の開始から間もない九一年三月五日に、従前と同一内容の政府草案[25]を連邦議会に提出する。これに対しては、SPDもまた四月一七日に独自の法案[26]を提出することになり、両法案は翌四月一八日に主管の法務委員会を初めとする関係各委員会の審議に付されるが、既に述べてきたところからも極めて明らかなように、両者の溝は埋め難いままに三年余りが経過し、[27]再び被選期間の終了が視野に入ってきた九四年四月一五日になって漸く、法務委員会で政府草案を基本とした妥協案[28]が成立し、これが基礎となって、九四年六月二七日の第三一次刑法一部改正法（第二次環境犯罪取締法）[29]が成立したのであった。同改正法の内容については、本稿後出**三**に概説する。

その後、一九九八年一月二六日の第六次刑法改正法[30]により、「環境に対する罪」は刑法典第二八章から第二九章と章番号が変更になった他、三三〇条［重大な環境の危殆化］、三三〇ａ条［毒物の放出による重人な危殆化］及び三三〇ｂ条［中止（悔悟）による刑の減免］等が内容的修正を受けた。更に、三二八条［核燃料物質の不法な取扱］も、国連包括的核実験禁止条約施行法（一九九八年七月二三日（BGBl. I S. 1882））により改正されているし、総則との関連では、一九九五年六月一五日に発効した刑法典五条一一号に拠る三二四条・三二六条・三三〇条・三三〇ａ条等の国外犯処罰（一九九五年六月六日の国連海洋法条約施行法との関連に因るもの）等の改正もあるが、いずれも基本的な枠組み等に変更を及ぼすようなものではない。従って、これらの改正の内容については、必要な限度で極く簡単に本稿後出**四**で言及することとする。

二　一九八〇年第一八次刑法一部改正法（環境犯罪取締法）による改正の概要

一九八〇年の第一八次刑法一部改正法（環境犯罪取締法）(31)は、既存の行政法令中に散在していた刑罰規定の主要なものを整理・拡充・統合し、刑法典中に規定したが、その主たる内容は以下のようなものである。なお、詳細については条文を直接参照されたい。

先ず、刑法典第二七章「公共危険罪」に二ヶ条が追加された。

①三一一ｄ条［イオン化した放射線の放出・核分裂の惹起等］　原子力法四七条に人の生命もしくは身体又は財産に対する具体的危険犯として規定されていた行為を、法益は維持しながら、いわゆる抽象的・具体的危険犯として新たに規定したもの。行政法上の義務の違反を構成要件要素とする。故意犯の他、過失犯も処罰される。未遂も処罰される。

②三一一e条［核技術施設の瑕疵ある建設］　三一一d条と同様、人の生命もしくは身体又は財産を法益とし、それらを、核技術施設等をそれと知りつつ欠陥を有するような形で製造・供給することにより、放射線等に被曝させる危険を惹起する行為を処罰するもの。結果的加重処罰、行為者主観による処罰の差別化、未遂処罰等が行われる。また、新たな刑法典第二八章「環境に対する罪」として八ヶ条が追加された。

③三二四条［水体の汚染等］　水利法三八条から継受された規定で、権限無く水体を汚染し又は性質を不利に変更する行為を処罰するもの。水体という環境媒体自体ないし行為時における水体の性質そのものを法益と考えるのが、立法者意思であり、また多数説・連邦裁判所の見解である。権限の不存在が構成要件要素とされており、事実的には行政従属性が認められる。形式的には結果犯・侵害犯と解されるが、判例等が「汚染」概念を極めて広汎に解することにより、抽象的・具体的危険犯に等しくなっている。過失犯も処罰する。未遂も処罰される。

④三二五条［大気の汚染と騒音］　いわゆる近隣妨害に属する二つの異なる行為類型である大気汚染と騒音惹起を犯罪として処罰するもの。いずれも、行政法上の義務に違反することと施設に属する区域外で行われることを構成要件要素とするが、大気汚染に関しては、特に塵芥・ガス・蒸気・臭気により、人の生命・身体・動植物その他の価値ある財物を毀損するような大気の性質の変更を行うことに、騒音に関しては、人の健康を害するような静穏の侵害に限定している。法益は、動植物その他の物という環境要素自体を含むのは明らかであるが、人の生命・身体の方に主眼があると言い得よう。大気汚染については、要件が複雑であって、現実の適用は困難であるとされている。未遂犯、過失犯も処罰する。

⑤三二六条［環境を危殆化する廃棄物の処理］　廃棄物法で規制されていた毒物や病原菌等を含有ないし発生する塵芥等の有害廃棄物、原子力法で規制されていた放射性廃棄物、更に、水体・大気・土壌の持続的汚染・不利な

変更を惹起する性質の廃棄物等を、権限なく、所定の条件・手続に違反して、処理・貯蔵・堆積その他処分する行為を処罰するもの（一項。なお、二項は、原子力法等により供出義務の認められる放射性廃棄物の不供出という真正不作為犯を処罰する）。法益は、環境媒体自体であると解される。三二四条と同様、権限無く行うことが構成要件要素であり、抽象的・具体的危険犯であると解されている。未遂犯、過失犯も処罰されるが、五項は、廃棄物が量的に少なく環境への有害な作用が明らかに存しない場合の処罰阻却を定めている。

⑥三二七条［施設・設備の不法な操業等］　核技術施設・設備の操業・保持・解体・変更（一項）や、連邦インミッション保護法所定の許可を要する施設又は廃棄物処理法にいう廃棄物処理施設の操業（二項）を、必要な許可なく又は禁止に反して行うこと等を処罰するもの。行政法上の許可や禁止等に反することが構成要件要素とされている。法益の理解は分かれ得るであろうが、環境媒体と解するときは、抽象的・具体的危険犯ということになる。過失犯を処罰する。

⑦三二八条［核燃料物質の不法な取扱］　許可なく又は禁止に反して、核技術施設外で核燃料物質の加工・処理その他使用する行為、及び、許可条件内容に反して加工・処理その他使用し或いは許可された作業所若しくはその状態を変更する行為（一項一号）、核燃料物質を国の管理外で保存・輸送・輸出入等する行為（一項二号）を処罰するもの。更に、原子力法により引渡義務の認められる核燃料物質の不引渡と、核燃料物質の権限なき者への引渡（二項）を処罰する。原子力法四五条に由来するもので、危険性の大きさに鑑みて、核燃料物質を全面的に国家管理の下に置き、その取扱は原則的に禁止した上で特許するというアプローチを担保する規定。抽象的危険犯と解されている。過失犯を処罰する。

⑧三二九条［要保護地域の危殆化］　本条は、三つの異なった構成要件を含む。一項は、三二五条を補完するもの

で、連邦インミッション保護法に基づいて公布された法命令又はそのような法命令に基づく命令に反して、大気汚染又は騒音から特別に保護されるべき地域において、又は、大気循環の停滞状態が生じた場合に大気汚染による環境への悪影響の増大の虞ある地域において、施設を操業する行為を処罰する。法益は、特定地域の大気状態・静謐という環境財と人の健康の両者を含む。抽象的危険犯である。二項は、三二四条が水体の直接的保護を図るのに対し、水域の補充的保護を目指すものである。水源又は鉱泉保護区域内で、保護の為の法令に反して、水質を危うくする物質の貯蔵・入れ替え・積み替え・輸送等の為に施設を操業する行為と、砂利・砂・粘土その他の固体物質を除去する行為を処罰する。法益は、水という環境媒体であり、これも抽象的危険犯である。三項は、自然保護区・国立公園に関し、その景観を含む一定の状態自体を守ろうとする規定である。保護法令・禁止に反して、地下資源その他の土地の構成部分を除去又は取得し、採掘又は堆積し、河川を造成・変更・廃絶し、湿地・沼地・石切場その他の湿土地の排水を行い、あるいは、森林を開墾し、それによって、自然保護区・国立公園の重要な構成部分に損害を与える行為を処罰する。法益は、景観を含めた自然環境そのものである。侵害犯である。なお、一項から三項までの行為の過失犯も処罰される。

⑨三三〇条［重大な環境の危殆化］　一項は、三二四条一項・三二六条一項・同二項・三二七条一項・同二項・三二八条一項・同二項又は三二九条一項乃至三項の行為や、施設・設備の操業や核燃料物質・放射性物質その他危険物の輸送及び輸送管理に関してインミッション保護や水質保護の為の法令・禁止等に違反し、それによって人の生命・身体・財産、公の水源・鉱泉を危殆化する行為を処罰する。具体的危険犯である。二項は、一項所定の行為により、水体や土壌を長期間にわたり従前の利用を妨げる程度に汚染し、又は、重要な生態学上の意味ある地勢の構成要素を著しい困難あるいは長期間の時間経過を伴わなければ回復し得ない程度に汚染する行為を、一項と同じく

処罰する。侵害犯であり、三項で未遂犯も処罰される。一項・二項の行為は、共に五項で過失犯も処罰される他、六項で危険・侵害の惹起が過失による場合も更に処罰される。四項は、多数人の生命・身体を危殆化した場合及び人の死又は重傷害を軽率に惹起した場合等を「特に重い事態」として、加重処罰する。

⑩三三〇a条［毒物の放出による重大な危殆化］　大気・水体・土壌その他中に有毒物を放出し、人を死又は重傷害の危険に陥れた場合を処罰する。過失犯も処罰される。

改正法は、更に三三〇b条に中止(悔悟)による刑の減免の特則、三三〇c条に没収の特則、三三〇d条に概念規定を置いたが、これらについては省略する。

三　九四年第三一次刑法一部改正法（第二次環境犯罪取締法）による改正の内容

既述のように、刑法典中に環境犯罪を規定した一九八〇年の第一八次刑法一部改正法(環境犯罪取締法)に対しては、その成立の直後から活発な改正論議が起こったが、一四年後に漸く成立した第三一次刑法一部改正法(第二次環境犯罪取締法)のもたらした成果は、細かな改正は多いものの、基本理念等の関連でいえば、僅かなものであった。その内容は以下の通りである。詳細については、これもまた条文を直接参照されたい。

先ず、刑法典第二七章「公共危険罪」関連では、旧三一一c条から旧三一一e条にかけての整備が行われた。

①旧三一一c条［中止(悔悟)による刑の減免］の三一一e条への変更及び指示条文変更　第一八次刑法一部改正法では、刑の減免を定める旧三一一c条の後に上述の旧三一一d及びe条が追加され、これら新たな犯罪類型に関する中止(悔悟)による刑の減免は考えられていなかったが、これを上記の位置に変更し、減免効果を及ぼしたもの。

②三一一d条［イオン化した放射線の放出・核分裂の惹起等］の改正　旧一項の「行政法上の義務」を「行政法上の義務（三三〇d条四、五号）」と改正し、新三三〇d条で新たに概念規定した内容を明確に指示した。これに伴い、旧一項の「行政法上の義務」を定義していた旧四項は削除された。義務の範囲は、形式的な意味では拡大された。二項の未遂犯処罰は不変であるが、旧三項の過失を処罰するとだけ規定されていた規定は、詳細に構成要件が規定され、処罰範囲が明確化（限定）された。

③旧三一一e条［核技術施設の瑕疵ある建設］の三一一c条への変更及び改正　旧一項に「知りつつ（wissentlich）瑕疵のある製造・供給を行い」とあるのを、また「危険を知りつつ惹起した」とあるのを、「知りつつ」を削除して、特段の知情性を要求しなくしたもの。選択刑として、罰金も加えた。知情性の削除に伴い、一項が単純な故意犯処罰規定になったのに対応し、旧四項が「危険を知りながら危険を惹起したものではないが、故意に若しくは過失で」と規定していたものを、「過失で」と改めた。この関連で、新たに「一項の場合において、軽率に行動して、危険を過失により惹起した者を二年以下の自由刑又は罰金に処する」という五項が追加された。

第二八章関連の改正も、大きなものではない。

④三二四条［水体の汚染等］の改正　三二四条の旧三項が過失犯の法定刑を二年以下としていたのを、三年以下に引き上げたもの。

⑤三二四a条［土壌の汚染］の追加　従前は独立して保護対象とされていなかった土壌という環境媒体自体を保護する規定を追加したもの。規定形式としては旧三二五条［大気の汚染等］に類似する。即ち、行政法上の義務に違反して、人の健康・財物や動植物・水体を害する物質を土壌中に放出等し、又は、土壌を広範に汚染等する行為を処罰する。未遂犯・過失犯も処罰される。

⑥－⑦旧三二五条［大気の汚染と騒音］は、謂わば混在した保護対象を有していたが、改正法は同条を三二五条［大気の汚染］と三二五ａ条［騒音・震動等］とに分割し、更に、それぞれについて行為類型を細分し、定義規定を置く等の規定内容の整理・改善を行った。

⑧三二六条［環境を危殆化する廃棄物の処理］　旧規定の行為類型の整理・明確化を中心に、一項二号として発ガン性物質等の処理、二項に一項所定の廃棄物の違法輸出等の新たな類型を追加したもの。

⑨三二七条［施設・設備の不法な操業等］　旧規定の行為類型の整理・明確化を中心に、二項二号として、水利法規定の水質危殆化物質の運搬等の為の許可又は届出の必要な導管施設の操業等を追加したもの。

⑩三二八条［核燃料物質の不法な取扱］　一項で、核燃料物質に関して旧一項所定の行為類型の著しい整理・明確化を行った上、質・量等に拠り人の生命・身体に損害を惹起し得るその他の放射性物質をも対象に取り込んだ他、二項で、旧三項をも取り込んで、一項の区別に従った行為類型の明確化を行い、三項で、行政法上の義務等に反した違法な取扱により人の健康・財産・無主の動物等を危殆化する、という新たな行為類型を設け、四項で未遂犯処罰を定めた。

⑪三二九条［要保護区域の危殆化］　一項は、自由刑の上限が二年から三年に引き上げられたのみである。二項では、一項と同様の法定刑の引き上げが行われた他、二号に、水質危殆化物質の運搬の為の施設操業だけではなく、運搬行為自体が追加され、また、一号の対象となる作業施設には公企業のそれを含むことが明定された。三項では、自然保護区域での禁止行為に、連邦自然保護法上の特別保護獣の捕獲等、特別保護植物の採取等、及び建造物の設置が追加され、各禁止行為によりそれぞれの保護目的が著しく害されるという要件が新たに付加された上で、法定刑が加重された。四項の過失犯処罰規定は、一項及び二項関連の場合と三項関連の場合を区別する形に改められ、

それぞれ自由刑の上限が引き上げられた。

⑫三三〇条［環境犯罪の特に重大な場合］　三三〇条は、大幅な規定の単純化・明確化が行われた。即ち、基本行為は、三二四条乃至三二九条の故意行為に限られ、法定刑は六月以上一〇年以下の自由刑とされた。重大な場合としては、旧四項二号の人の死又は重傷害の軽率な惹起が一号として残り、旧一号の多数人の死又は重傷害の危険の惹起が、一人の人の死又は重傷害の危険の惹起の場合をも含めて、二号とされ、更に、三号として、水体・土壌・三二九条三項の意味での自然保護区域を、旧二項と同様に、著しい困難あるいは長期間の時間経過を伴わなければ回復し得ない程度に汚染する場合、四号として、公的な給水の危殆化の場合、五号として、絶滅の危機に瀕した動植物への加害の場合、六号として、利得目的に出た場合が追加（実質的には、規定の整理）された。

⑬三三〇ａ条［毒物の放出による重大な危殆化］　旧規定が毒物を大気・水体・土壌等に放出してと（限定的に）規定していたのを、無限定とした他、未遂犯処罰や軽率に行為して過失により危険を惹起した場合の処罰等を新たに規定した。

⑭－⑮三三〇ｂ条［中止（悔悟）による刑の減免］及び三三〇ｃ条［没収］　いずれも改正に伴う指示規定の変更や規定の整理・明確化が行われた。

⑯三三〇ｄ条［概念規定］　概念規定は、比較的大きな改正が行われた。先ず、旧一号の水体の定義では、地下水が刑法典の場所的適用領域内のものに限られていたが、この限定が無くなった。旧三号は、三二九条の改正に伴い削除され、旧四号が三号となった上で、新たに、四号として、「行政法上の義務」の通則的定義規定が、五号として、「許認可等を受けていない行為」が脅迫・買収又は共謀により許認可等を得た行為並びに不正又は不完全な申告により許認可等を得た行為をも含む旨の規定が付加された。

四　九八年第六次改正法等による改正の内容

一九九八年一月二六日の第六次刑法改正法(31)により、ドイツ刑法典は多数の改正を受け、「環境に対する罪」も刑法典第二八章から第二九章と章番号が変更になったが、内容的改正としてはさほど大きなものではないといい得るであろう。概要は以下の通りである。詳細は条文で確認されたい。

①三二六条のタイトルが、［危険な廃棄物の許されない取扱（Unerlaubter Umgang mit gefährlichen Abfällen）］と改められた。

②三三〇条は、九四年改正でも単純化・明確化が図られたが、九八年改正でもこの方向が更に進められた。即ち、先ず、従前の三三〇条を三三〇条一項とし、従前の一号から六号まで「重大な場合」の一・二号を削除し、旧三-六号を新一-四号とした。その上で、三三〇条二項・三項を新設し、二項では、三二四条から三二九条の故意行為によって、（一）他人に死もしくは重大な健康危害の危険をもたらし又は多数人に健康危害の危険をもたらした場合を一年以上一〇年以下の自由刑に、（二）他人を死亡させた場合を（三三〇a条に該当しない場合）三年以上の自由刑に処すものとした。三項は、二項の減軽類型を定め、（一）の場合は六月以上五年以下、（二）の場合は一年以上一〇年以下の自由刑に処するものとする。

③三三〇a条に関しては、一項・二項所定の罪に対する法定刑が引き上げられると共に、新設の三項でこれらの罪の減軽類型を定めた。旧三-四項が、四-五項と改められた。

④三三〇b条が、三三〇a条の項数の変化等に対応して改められた。

また、第六次刑法改正法に先だって、総則との関連では、一九九五年六月一五日に発効した刑法典五条一一号に拠る三二四条・三二六条・三三〇条・三三〇ａ条等の国外犯処罰（一九九五年六月六日の国連海洋法条約施行法との関連に因るもの）等の改正がある。

更に、以上の改正の他、一九九八年七月二三日の国連包括的核実験禁止条約施行法（BGBl. I S. 1882）により、三二八条「核燃料物質の不法な取扱」に、二項三号「核爆発を惹起し、又は、」、同項四号「三号所定の行為へと扇動し、又は当該行為を促進した」という新たな行為類型と、六項「四項及び五項は、二項四号の規定する行為には適用しない」という項が付加されるという改正が行われた。この三二八条二項三・四号、四項、五項については、三三〇条との関連で、国外犯処罰規定である五条に一一ａ号が追加された。三三〇ｂ条一項にも若干の改正があった。

五　おわりに

ドイツにおける環境の刑事法的保護は、勿論、本稿で取り扱った八〇年の環境犯罪取締法と九四年の第二次環境刑法取締法により刑法典中に規定された諸規定、及び、これらを基礎とするその後の九八年の第六次刑法改正法等だけによって行われている訳ではない。秩序違反法や各種特別（行政）法の中にも重要な刑事法規定は多々あるというのが実際ではある。しかし、我が国（の刑事法学）に強い影響を与えている国が、環境媒体の保護という限度にせよ、刑事刑法を用いた環境の保護という一つの方向を追求していることは注目に値することであろうし、また、そこで展開されている議論から、就中、未だ未解決の理論学的課題・執行を含む実務的課題をめぐる議論から、多くのことを学び得るのも事実である。勿論、それらの課題についての検討は他稿に委ねる他ない。

（1）　ドイツ連邦共和国という国名によって指称される領域は、再統一により旧ドイツ民主共和国の領土を含むに至ったが、このことによる記述上の混乱を避ける為、本稿においては、再統一前のドイツ連邦共和国を「西ドイツ地域」、旧ドイツ民主共和国を「東ドイツ地域」と表記する。また、資料等の関係もあり、本稿においては、旧ドイツ民主共和国における環境刑法の発展については触れていない。更に、ドイツにおける環境刑法の展開と密接な関連性を有するEC／EU次元での動きについても、適切な論稿にあげて委ねることとしたい。

（2）　Vgl. Meinberg/Möhrenschlager/Link (Hrsg.), Umweltstrafrecht, 1989, S.1 Anm. 1).

（3）　Umweltprogramm der Bundesregierung vom 29. September 1971, BT-Drucksache VI/2710 vom 14. Oktober 1971.

（4）　Vgl. Alternativ-Entwurf eines Strafgesetzbuch, Besonderer Teil, Straftaten gegen die Person, Zweite Halbband, hrsg. von G. Arzt u. a., 1971, S. 48ff., insbes. S.66ff.

（5）　Vgl. AE, a.a.O. (Anm. 4), S. 49.

（6）　Vgl. Umweltprogramm, a.a.O. (Anm. 3), S. 9/10. 刑法典の「公共危険犯」の章に取込・規定すべきか否かをも検討する旨、述べられている。勿論、連邦政府が、現実に刑法典中への取込・規定を要求する声に応えるのは、七六年の「第六次刑法改正法担当者案」（後出、注(11)参照）に至ってのことである。

（7）　Umweltbericht '76 - Fortschreibung des Umweltprogramms der Bundesregierung - vom 14. Juli 1976, BT-Drucksache 7/5684

（8）　Vgl. Umweltbericht '76 (a.a.O. Anm.7), S. 23 und Joachim Herrmann, Die Rolle des Strafrechts beim Umweltschutz in der Bundesrepublik Duetschland, ZStW 91 (1979), S. 296.

（9）　いずれに関しても九〇年代に大きな状況変化があったことは周知の通りであるが、詳細については本稿では触れることが出来ない。「国家は、将来の世代に対する責任においても、……自然的な生活基盤を保護する(Der Staat auch in Verantwortung für die künftigen Generationen die natürlichen Lebensgrundlagen .... schützt.)」旨を規定した基本法二〇a条が一九九四年一一月一五日に発効したことのみ記しておく（Vgl. Gesetz zur Änderung des Grundgesetz vom 27. Oktober 1994, BGBl I. S.3146)。

（10）　Vgl. z.B. Beschluß des Bundesrates zur Reform der Umweltschutzdelikte, BR-Drucksache 723/73 vom 21. Juni 1974.

（11）　Referentenentwurf eines Sechsten Gesetzes zur Reform des Strafrechts (6. StrRG) vom 26. Juli 1976, Az: BMJ 4000/1 Tk - 20 938/76)

(12)　Entwurf eines Siebzehnten Strafrechtsänderungsgesetzes - Gesetz zur Bekämpfung der Umweltkriminalität - (17. StrÄndG) vom 17. Mai 1978, Az: BMJ 4000/1 Tk - 20 507/ 78)

(13)　Entwurf eines Sechzehnten Strafrechtsänderungsgesetzes - Gesetz zur Bekämpfung der Umweltkriminalität - (16. StrÄndG) vom 8. September 1978, BR-Drucksache 399/78

(14)　Entwurf eines Sechzehnten Strafrechtsänderungsgesetzes - Gesetz zur Bekämpfung der Umweltkriminalität - (16. StrÄndG) vom 13. Dezember 1978, BT-Drucksache 8/2382

(15)　Beschlußempfehlung und Bericht des Rechtsausschusses (6. Ausschuß), BT-Drucksache 8/3633 vom 04. Februar 1980

(16)　Achzehntes Strafrechtsänderungsgesetz - Gesetz zur Bekämpfung der Umweltkriminalität (18. StrÄndG - UKG) vom 28. März 1980, BGBl. I S. 373. [Inkrafttreten: am 1. Juli 1980]

(17)　一九八六年一一月一日にバーゼルの科学薬品メーカー Sandoz 社工場から生態環境破壊有害物質がライン川に放出され、下流にあたる西ドイツ地域内四〇〇キロ余りにわたって魚類が死亡し、ライン川を飲料用水源とする西ドイツ地域住民の健康に対する大きな不安を惹起した事件。概要については、例えば http://www-f.rrz.uni-koeln.de/organe/presse/forsch96/rhein/index.htm 等を参照されたい。

(18)　Bundesministrium der Justiz / Bundesministrium für Umwelt, Naturshutz und Reaktorsicherheit (Hrsg.), Bericht zur Interministeriellen Arbeitsgruppe “Umwelthaftungs- und Umweltstrafrecht” - Arbeitskreis “Umweltstrafrecht” vom 19. Dezember 1988

(19)　Vgl. Meinberg/Möhrenschlager/Link, a.a.O. (anm. 2), S.291.

(20)　Gesetzentwurf der Abgeordneten ..... und der Fraktion der SPD: Entwurf eines Strafrechtsänderungsgesetzes - Zwites Gesetz zur Bekämpfung der Umweltkriminalität - vom 14. Februar 1990, BT- Drucksache 11/6449 [SPD-Entwurf]. なお、ＳＰＤは既に八九年六月に暫定草案を公表している（その抜粋が wistra 1989, H. 7, S. VIff. に掲載されている)。

(21)　Gesetzentwurf der Fraktionen der CDU/CSU und FDP: Entwurf eines ..... Strafrechtsänderungsgesetzes - Zwites Gesetz zur Bekämpfung der Umweltkriminalität - (...StrÄndG - 2. UKG) vom 14. Februar 1990, BT-Drucksache 11/6453 [Koalitions-Entwurf]

(22) Vgl. WiB 23. Mai 1990, S.3.

(23) 連邦参議院の先議に付された政府草案は、九〇年四月六日の第六一一回本会議で若干の修正意見を付されて承認され、五月一〇日に Gesetzentwurf der Bundesregierung: Entwurf eines ..... Strafrechtsänderungsgesetzes - Zwites Gesetz zur Bekämpfung der Umweltkriminalität- (...StrÄndG - 2. UKG), BT-Drucksache 11/7101 [Regierungsentwurf] として、連邦議会に提出された。

(24) 知り得た限りで、各委員会での審議状況を記しておけば、先ず、労働社会委員会が九〇年六月二〇日に連邦政府草案 (BT-Drucksache 11/7101) を承認する決議を行っている。九〇年九月一九日には、経済委員会が、連邦参議院の意見を容れた形での (Koalition 草案、BT-Drucksache 11/6453 と同一となる) 連邦政府草案を承認し、SPD草案 (BT-Drucksache 11/6449) を否決した。また、内務委員会も、同日、Koalition 草案を勧奨した上で、SPD草案を否決し、連邦政府草案を承認した。

(25) Gesetzentwurf der Bundesregierung: Entwurf eines ..... Strafrechtsänderungsgesetzes - Zwites Gesetz zur Bekämpfung der Umweltkriminalität- (...StrÄndG - 2. UKG) vom 05. März 1991, BT-Drucksache 12/192

(26) Gesetzentwurf der Abgeordneten ..... und der Fraktion der SPD: Entwurf eines Strafrechtsänderungsgesetzes - Zwites Gesetz zur Bekämpfung der Umweltkriminalität - vom 17. April 1991, BT-Drucksache 12/376

(27) 審議の経緯の概要については、BT-Drucksache 12/7300, S. 19 を参照。

(28) Beschlußempfehlung und Bericht des Rechtsausschusses (6. Ausschuß) vom 15. April 1994 zu dem a) Gesetzentwurf der Bundesregierung - Drucksache 12/192-: Entwurf eines ..... Strafrechtsänderungsgesetzes - Zwites Gesetz zur Bekämpfunng der Umweltkriminalität- (...StrÄndG - 2. UKG) und b) Gesetzentwurf der Abgeordneten ..... und der Fraktion der SPD -Drucksache 12/376-: Entwurf eines Strafrechtsänderungsgesetzes - Zwites Gesetz zur Bekämpfung der Umweltkriminalität, BT-Drucksache 12/7300

(29) Einunddreißigstes Strafrechtsänderungsgesetz - Zweites Gesetz zur Bekämpfung der Umweltkriminalität (31. StrÄndG - 2. UKG) vom 27. Juni 1994, BGBl. I S. 1440. [Inkrafttreten: am 1. November 1994]

(30) Sechstes Gesetz zur Reform des Strafrechts (6. StrRG) vom 26. Januar 1998, BGBl. I S.164, ber. am 3. April 1998, BGBl. I S.702. [Inkrafttreten: am 1. April 1998]

(31) Achzehntes Strafrechtsänderungsgesetz - Gesetz zur Bekämpfung der Umweltkriminalität (18. StrÄndG - UKG) vom 28. März 1980, BGBl. I S. 373. [Inkrafttreten: am 1. Juli 1980]

第八章　第一五回国際刑法学会総会――一九九四年・リオデジャネイロ――第一テーマ「刑法総論と環境に対する犯罪」の為の準備会議――一九九二年一一月二日〜六日・オタワ――報告

一　はじめに――会議開催までの経緯説明を兼ねて

国際刑法学会理事会は、一九九一年五月二五日、標記準備会議の開催を決定し、同年一一月一五日付けで、国際刑法学会各国支部等宛に、本準備会議のジェネラル・レポーターとしてカナダ・ロー・リフォーム・コミッション委員のオタワ大学パトリック・フィッツジェラルド（Patrick Fitzgerald）教授が、議長としてブエノスアイレス大学ユーゲニオ・ラウル・ザッファローニ（Eugenio Rauol Zaffaroni）教授が任命された旨の連絡と、一九九二年五月三一日迄にフィッツジェラルド教授作成にかかる各国の環境刑法（刑事法的環境保護）の一般原則に関する調査・質問状に沿ったナショナル・レポートを提出すべき旨の依頼とが行われた。その後、九二年春になって、カナダ政府の支出削減策の一環としてロー・リフォーム・コミッションが廃止された為、会議の重要なスポンサーの一が失われ、且つ、フィッツジェラルド教授がジェネラル・レポーターとしての活動を継続することも不可能となるというハプニングもあったが、国際刑法学会カナダ支部・同役員の懸命の努力とカナダ司法省の理解・全面的支援の下、本準備会議開催へのイニシアティヴをとった一人であったカナダ司法省シニア・カウンセルのモーハン・プラブー

(Mohan Prabhu)氏が新たにジェネラル・レポーターともなって、本準備会議は何とか予定通り開催されることとなった。私は、日本からのレポートを執筆したこととの関連で、本準備会議に出席する機会を与えられたが、その目的とした一九九四年の国際刑法学会第一五回総会における決議案(勧告)の作成の為の作業グループにも加わることとなったので、我が国における今後の環境刑法を巡る議論の為の参考資料の一として、報告を残しておくことに一層の意義が認められるであろうと考え、キーボードに向かった次第である。なお、本報告の記述・データはあくまで私の手元にある資料に基づく個人的なものであり、公式資料、特に、国際刑法学会機関誌に掲載予定の決議案(勧告)、同説明文書、ジェネラル・レポート及び　調査・質問状、各国レポート等に拠り、ヴェリファイされるようお願いしたい。

二　議事進行及び討論内容の概要等

会議は、オタワの中心部にある連邦政府のコンファレンス・センターで行われた。カナダでの開催ということもあってか、英語及びフランス語が使用言語とされ、両言語間では良質の同時通訳が提供された。その他、中国語、スペイン語、ポルトガル語での発言もあったが、この場合は、発言後に同伴の通訳者ないしは会議参加者で通訳可能な者が英語またはフランス語に訳しているものを更に同時通訳するということになった。

出席者の詳細は省略するが、実質的に討論に参加したのは、ナショナル・レポーターとして一七ヶ国(ベルギー、ブラジル、カナダ、中国、フィンランド、フランス、ドイツ、ハンガリー、イタリー、日本、ルクセンブルグ、メキシコ、オランダ、ポーランド、スウェーデン、スイス、アメリカ合衆国)から計二一名、オブザーバーとして三国際機関(カウンシル・オヴ・ヨーロッパ）、国連（ウィーン事務局）、刑法改正及び刑事司法政策に関する国際センター（ヴァンクーヴァー）から計三名の総計二四名の他、オブザーバー資格でのカナダ司法省関係部局や国際刑法学会カナダ支部所属の実務家、オタワ大学刑事法関係教官等一五名程（多くは、準備会議実行委員会委員または準備会議事務局員）であった。既に明らかなように、アジアからは日本と中国、中南米からはメキシコと（第一五回総会開催国の）ブラジルから参加があったに止まり、アフリカ・アラブ・アセアン・オセアニア・旧ソ連邦諸国等々からは全く参加がないという、北米・ヨーロッパへの著しい偏りが印象的であった。且つまた、偶然とはいえ、中国・メキシコ・ブラジルというのは、出席者自らは英語またはフランス語で発言しなかった国でもある。議長は、変更・選任について特に説明はなかったが、実質上、国際刑法学会カナダ支部副会長・カナダ司法省立法顧問のジョン・フレッカー（John Frecker）氏がその任にあたり、同氏が本来の職務で席を外さねばならない場合には、同氏から委嘱を受けた適宜の討論参加者が代行した。

会議のスケジュールは、一〇月一日付けで配布されたプログラムでは、前ジェネラル・レポーターの作成にかかる調査・質問状にほぼ対応して、初日の一一月二日午前に「オープニング・セッション」とワーキング・セッションI「オーヴァーヴュー（ジェネラル・レポーター）及び国際環境犯罪の創設及びこれを管轄する国際刑事裁判所の必要性」、二日午後にワーキング・セッションII「刑事責任の帰属主体及び客観的犯罪構成要素」、三日午前にワーキング・セッションIII「主観的犯罪構成要素及び抗弁」、四日午前にワーキング・セッションIV「制裁及び裁判管轄権」、四日午後にワーキング・セッションV「（作業グループによる）決議案（勧告）準備」、五日午前に「決議案（勧告）採択及びクロージング・セッション」が予定されていたが、現実には、幾つかの論点についての極めて活発な（且つ、反復的な）質疑の為もあって、ワーキング・セッションと所掲テーマとの対応は殆どないものとなったのみならず、三日午後へのワーキング・セッションの追加、四日午後のワーキング・セッション「（作業グループによる）決議案（勧告）準備」の全体討論への切替え等が行われ、その結果、作業グループによる決議案（勧告）原案の作成は五日午前八時から開始、決議案（勧告）の採択は既に午後二時半近く、という相当ハードなスケジュールとなった（各日の夕方から夜にかけても、一一月一日を含め、各種の公式・準公式のレセプション、バンクェット、ミーティング等が行われた）。

さて、上述のような議事進行との関係上、討論の様子を逐一要約していくのは殆ど不可能であると同時に、余り意味のあるものとも思われない。以下では、議論の集中した点、決議案（勧告）の説明・理解の為に有益な点に絞って、紹介しておくことにしたい。

先ず、記しておかねばならないのは、オープンニング・セッションにおける親学会・国際刑法学会代表の挨拶が、本来予定されていた理事長バッシオーニ（Cherif Bassiouni）博士に代わり、副理事長のゲルハルト・ミュラー（Gerhard Mueller）教授によって代行されたということである。それは、バッシオーニ博士が、国連事務総長により、ユーゴスラヴィアにおける戦争犯罪の調査委員会メンバーに急遽選ばれた為であったが、実はこのことが、本準備会議との関係において、理論的には既に十分に可能性の認識されていた論点の一つに極めて高度の現実性・実践性を付与することになる。即ち、同調査委員会が、国連及びバッシオーニ博士の従前からの意向に鑑みても、戦争犯罪等を管轄する国際刑事裁判所（International Criminal Tribunal）の設置を一層促進するであろうということが予想される為、その管轄下に（将来的にせよ）環境犯罪をも含めるべきであるということを決議案（勧告）に盛り込むか否かが、最初のテーマとして設定されることとなったのである。……しかしながら、このテーマに対しては、カナダ支部関係者の言外に現れた態度と対照的に、決議案（勧告）の採択時までは会議全体を通じて、他の討論参加者からは殆ど積極意見は示されなかった。否むしろ、最初期に数名からの明確な否定的見解表明があった以外には発言がないということによって、当初は消極的態度が示されたといい得よう。勿論、国際犯罪としての環境犯罪という認識、或いは、環境犯罪取締の為の国際協力の必要性の認識は、極く一部の出席者を除いては、環境犯罪の定義の明確化の必要性を留保しながらも、明確に共有されており、国内法（国際条約の国内執行法を含む）に基づく捜査や刑の執行の為の国際共助体制整備は当然ながら、刑事裁判管轄の一定の拡張等について、決議案（勧告）に盛り込むよう多くの具体的意見が述べられた。そして、その関連において、最終段階・時間切れ直前での動議的発言を契機に、国際刑事裁判所の管轄への環境犯罪の包含が決議案（勧告）に押し込まれることになること、後述の通りである。

オープニング・セッションに続くジェネラル・レポーターのオーヴァーヴューは、時間の関係もあって、各国レポートから、環境刑法の所謂「行政従属性」の問題、環境犯罪に対する実効的制裁の問題、組織体の刑事責任の問題、環境犯罪の危殆化犯としての捕捉傾向＝過剰犯罪化傾向の問題、管轄問題を含む実効的執行の問題、主観的犯罪構成要素の要件の問題等を抽出・指摘するに止まったが、ドイツ刑法学的な分析視座の影響を強く受けているように思われるのが、個人的には極めて興味深く感じられた。それは、スイス・オランダ・フィンランド等からの出席者もドイツで学位を取得し或いは留学した者であることと併せ、決議案（勧告）を読む際にも十分留意されるべきであろう。

ジェネラル・レポーターのオーヴァーヴューに続いては、参加者が自己紹介を兼ねて一言ずつ発言する機会が設けられたが、その中で、環境犯罪が犯罪組織・リスク志向的グループ等によって企業的・機会的に行われるようになって来ており、対策上も留意する必要がある、とする意見があった点が注目される。

ジェネラル・レポーターの抽出・指摘した問題点の内、環境刑法の所謂「行政従属性」の問題は、それを謂わば最適且つ最小限にすべきであるという傾向では見解に実質的一致が見られた為であろうか、正面から議論されることはなかった。ただ、この関連においては、特に決議案（勧告）原案作成時点で、環境侵害行為の性質論、犯罪化—

非犯罪化論、従って刑罰論とも絡んで、行政法・民事法上の制裁を含めた意味での「penal sanction」と刑事制裁に限定された意味での「criminal sanction」とを概念上区別する法制の国とその区別のない国との間で、相互理解に達するまでに相当の時間を必要とした。また、刑法発動の「最終手段（ultima ratio）性」ということについての抽象的な見解の一致はあるものの、カウンシル・オヴ・ヨーロッパでの重大な環境侵害行為等に対する刑法の直接発動を認める決議（Resolution（77）28）もあり、これらとの調和も意図して決議案（勧告）原案は作成された。

環境犯罪の「刑事責任の帰属主体」の問題は、非自然人（法人格・組織体）の犯罪能力についてのアングロ・アメリカ法系と大陸法系の前提の相違はあるものの、これをも何等かの形で刑法的コントロールの下に置くべきであるということについては見解の謂わば黙示的一致が存し、会議では、自然人の行為並びに処罰とのリンケイジの問題、両罰ないし三罰の問題が主として議論された。

「客観的犯罪構成要素」については、直接は殆ど議論が為されなかったが、「何を」危殆化もしくは侵害する行為を環境犯罪として本来的に捉えるべきかという根本的ではあるが未解決の問題、即ち、環境犯罪の改めての定義の必要性が繰り返し強調され、間接的な形ではあるが、参加者の様々な発言を通じて徐々に焦点が煮つめられていった。その結果、当初の段階では「人の生命・身体」への侵害・危殆化をも基本類型的に包含して考えていたのが、謂わば「環境そのもの」の侵害・危殆化として捉える方向が固まっていった。勿論、それは、人の生命・身体が（も）侵害・危殆化された場合の環境犯罪としての捕捉・処罰を排除するという趣旨ではないし、決議案（勧告）でも列挙する際には「人の生命・身体」が先に記されている。これに対しては、正に生態学的保護という観点を明らかにする為にはニュアンスが変わって好ましくない、という意見が決議案（勧告）原案作成段階で述べられたが、そのような微妙な事項を盛り込むことは無理であろうということで、そのままとなった。また、「環境」の把握については、カウンシル・オヴ・ヨーロッパ代表等が、その（環境破壊に関する民事責任についての）決議中の定義に依拠すれば足りる既定事項であるという態度であったのに対し、その定義が「財産」（特に、歴史的建築物・記念碑・像、天然記念物等の文化財）を含むことには強い否定的態度を示す参加者もあり、結局、この点については、決議案（勧告）採択時に到るまで、決着はつかぬままであった。後述**五**決議案（勧告）への注釈参照。

ある意味で最も見解が対立したのが、「主観的犯罪構成要素」の問題であった。ある意味で、というのは、現象として見るときには確かに、環境犯罪の特質に鑑みると取締の必要上は厳格責任（strict liability）の導入が必要ではないかとするカナダ支部関係者等の立場と、責任主義原則の一貫をいう他の多くの参加者の立場とが対立したものの、これはカナダ刑法における厳格責任の意味の特殊性に起因する一種の仮象問題であることが事後的に明らかになったからである。即ち、カナダにおける厳格責任は、被告人が無過失の立証をしない限り刑責を免れないという立証責任の転換をいうものであって、主観的犯罪構成要素（故意・過失）を不要とするものではないことが明らかになったからである。[追記] そして、この点の立証責任の転換については、例外を設ける必要性がないということで決着がつけられた。次に問題になったのは、過失の程度として如何なるものを要求するかということであったが、ここでも、アングロ・アメリカ法系と大陸法系とにおける主観的要素の実定法上の範疇分類の相違があって、全体討論では、大陸法系でいう（単純）過失では足りないが、アングロ・アメリカ法系でいうレックレスネスでは過剰であろう、という程度の漠然とした雰囲気までしか煮つめられなかった。これは、決議案（勧告）原案作成の段階で、dolus eventualis or culpa gravis というヨーロッパ諸国では共通理解が可能な非実定的範疇を併記するということで決着した。なお、その過程で、通常の過失でも良いとしておかないと、既に実定法と矛盾する国が生じるのではないか、という問題提起があり、これに対しては明示的な確認はなかったものの、通常の過失ではいけないという趣旨ではないということで了解された。

「抗弁」（犯罪成立阻却事由）については、特に議論は為されなかった。

「制裁」については、自由刑の発動を如何なる場合に認め得るか、ということが若干議論された。また、その議論の裏面ともいえるが、罰金刑の威嚇力と関連して、企業等における罰金の内部化（製品値上げによる第三者への転嫁等）の可能な現状、特に、（罰金）保険の存在の問題性が指摘された（なお、その保険が直接に刑事罰金の塡補を目的とするものであるか、そのような公序良俗違反の保険が本当に存在するのか、他の形態をとりつつ謂わば脱法的に塡補するものであるのか、参加者間で事実認識に著しい相違が存した。日本でいえば「講」のような形態で運営されている罰金塡補資金は、ハンブルクを初めとして、確かに存在するようである）。その他、新たな制裁の創設として、原状回復、環境犯罪からの利得の剝奪、所謂ブラック・リスティング（犯罪者氏名等の公示）、罰金の原状回復資金への繰り入れ等々が、各参加者から紹介ないし意見として述べられた。

「裁判管轄権」については、既に国際刑事裁判所の管轄への包含の問題に関して述べたように、各国がそれぞれに国内法・条約等を整備し、誠実に執行することを基本前提として、刑事裁判管轄の一定の拡張、管轄国の不存在という事態の回避等を求める意見が述べられ、特段の異論も出されなかった。

三　決議案（勧告）作成の経緯

決議案（勧告）作成は、先ず、一一月四日午後のセッションまでに行われた議論での一致点と対立点とをジェネラル・レポーターと準備会議事務局とが要約し、文書化したものを参加者全員に配布して、これに対する意見・提案、特に決議案（勧告）に更に盛り込むべき点についての意見を聴取する、という形で開始された。参加者全員に配布された要約には既に「前文」「序論」等も付されていたが、あくまで体裁上のもの・暫定的なものとして、それらについては意見聴取は行われなかった。要約の内容は、ここでは紹介し得ないが、これに対して述べられた意見は、文章の配列順の大きな変更提案はあったものの、法系の相違によって必要となる使用概念・記述内容の明確化の為の提案が殆どであり、実質的な内容の付加としては、要約作業に入っていた為に含められなかったのであろうと思われる「裁判管轄」の拡張の再提案があった位であった。なお、要約作業中及び意見聴取の為の全体セッション後にも、参加者から様々な形でジェネラル・レポーター及び事務局に意見が伝えられたが、その内容は、勿論、明らかではない。

このような公式・非公式の意見聴取に基づき、更にジェネラル・レポーターと準備会議事務局によってリライトされた文書が、翌五日朝に作業グループに決議案（勧告）原案作成資料として提示された。作業グループは、ジェネラル・レポーターの指名提案により、ブラジル、中国、フランス、ドイツ、日本、メキシコ、ポーランド、スウェーデン、カウンシル・オヴ・ヨーロッパ、国連からの出席者各1名及びジェネラル・レポーター＋事務局（カナダ・ナショナル・レポーターを含む数名）により構成された。原案作成資料として提示された文書は、主要な理論的問題点に関しては実質的内容において、後掲の最終的な決議案（勧告）にかなり近いものとなっていたといえるが、一般的ポリシー関係を述べた「前文」・「序論」関係では大きな修正・追加が行われた他、既に指摘してきた使用概念・記述内容の明確化の為の多数の修正が行われた。詳細については、決議案（勧告）への注釈で触れる。「環境」及び「他人配慮の原則 Principle of showing consideration」の定義を、カウンシル・オヴ・ヨーロッパの関係決議等に倣って含めること、参加者の自己紹介を兼ねた発言（上述）との関係で原案資料に含まれていた、犯罪組織・リスク志向的グループ等によって企業的あるいは機会的に行われる環境犯罪への特段の対策を求めるという条項が、それを特に含める合理的理由がないということで、全面削除されたことのみ、紹介しておく。

このようにして作成された決議案（勧告）原案は、時間の関係で完全には文書化され得なかった（欠落・誤りのある一応の文書には纏められた）が、全体会議で、ほぼ逐条的に朗読・確認・訂正を行いつつ、審議・承認された。その最終段階で、国際刑事裁判所の管轄下に環境犯罪の包含を求める条項の設置が再度提案され、特段の反対のないまま慌ただしく承認されてしまったこと、既述の通りである。その他には、「環境」の中には文化財等の財産を含まない、ということが最終的に決定された以外、配列順序関係の変更があったのみで、特筆すべき内容的修正は行われなかった。なお、浄書・再確認の為の時間は既になく、正式文書化された決議案（勧告）自体は、一一月五日の夕刻に行われたカナダ最高裁長官主催のレセプションの際に配布されたに止まるものであることを、念の為に付記しておくこととしたい。

四　決議案（勧告）仮訳及び若干の注釈

（なお、決議案（勧告）は分かりやすいよう、若干、形式や脚注等の位置を変更して訳出する。）

「

「環境に対する犯罪」への刑法の適用についての国際刑法学会準備会議

勧告

前文

一九九二年一一月二日から六日にかけてカナダ・オタワで開催された第一五回国際刑法学会総会の為の「刑法総則

の適用：環境に対する犯罪」に関する準備会議に参加した各国支部は、
国内法ならびに国際法に違反して行われる環境違反行為（offences）による環境の劣化を憂慮する世界的な関心、
産業活動等により生ぜしめられている、人間存在・その健康及び環境に対する増大し続ける危険、
各国刑法典並びに環境保護諸法及び国際条約、勧告、決議における環境犯罪の創設・展開、
環境の保護の為の刑法の貢献に関するカウンシル・オヴ・ヨーロッパ決議77(28)、環境違反行為に関する企業の責任に関するカウンシル・オヴ・ヨーロッパ勧告88(18)、一九九〇年ヨーロッパ司法大臣会議決議第一号、一九九〇年一〇月の第八回犯罪予防及び犯罪者処遇に関する国連会議における刑法による環境の保護に関する決議、及び、国連国際法委員会の一九九一年国連総会への報告書に含まれた勧告、
重大な環境違反行為の予防と環境上の損害の回復の為に適切な制裁を規定することの好ましさ、を考慮しつつ、
各国ナショナル・レポート及びジェネラル・レポーターのオーヴァーヴュー・レポートにつき審議・検討した結果、

以下の通り勧告する。

Ｉ　序論

1. 国ならびに社会は、環境(2)を害する虞を内蔵する活動に関与する総ての自然人及び非－自然人（non-physical persons）により、他人配慮の原則（the principle of consideration to others）(1)が尊重されることを確保する責任を負う。

（1）「他人配慮の原則」とは、以下のことを意味する：「何人も、他人に対する配慮を示すことなく、また、他人及び環境への悪影響を予防する手段を講じることなく、自己の目標を達成しようと試みる権利を有しない。そのような予防は、例え計画の全面的放棄を意味する場合であっても、惹起者負担原則の下、そのような配慮を行った者には支払われる経済的賠償を求める理由に

は、決してならない。」

（2）「環境」という語は、本勧告の目的との関連においては、大気・水体・土壌・動植物（fauna and flora）・及びこれら環境要素間の相互作用のような、非生物的ならびに生物的（abiotic and biotic）双方の自然資源、及び特色ある景観の様相を含む。

2. 他人配慮の原則の遵守を確保する為、国は、規制ならびに許認可の権限、執行手段、インセンティヴ、及び、確立された基準との牴触に対する制裁を含む、その使用に委ねられた広範な規範適合化（compliance）手段を有さねばならない。

II　環境犯罪における諸問題

各国ナショナル・レポート及び準備会議における討論は、環境犯罪に関連する以下の事項において重大な見解の相違が存することを明らかにした。

1. 環境保護における行政法、懲罰法及び刑法（administrative, penal and criminal laws）の使用とその適切性に関して争いがある。しかしながら、以下の合意は存している。

（a）確立された行政的・規制的基準の不遵守を理由に課される懲罰的（penal）制裁と、道徳的に責を負うべき行動を公的に非難し・抑止し・懲らしめるべく科される刑事（criminal）制裁との間には、区別が設けられるべきである。

（b）自然人または環境に対する重大な危害を惹起する活動への意図的あるいは軽率な（intentional and reckless (dolus eventualis or culpa gravis)）関与は、刑事制裁に服すべきである。認識・意図・軽率さのような主観的心理的要素（subjective mental element (mens rea), such as knowledge, intent, or recklessness (dolus eventualis or culpa gravis))

が、犯罪（換言すれば、各国の序列付け或いは分類における最も重い法令違反行為（offence）のレヴェルに属する法令違反行為）の定義においては、最小限の要求とされるべきである。

（c）　確立された基準に反し、且つ、人の生命及び健康に対する、或いは、環境に対する現実且つ切迫した（具体的）危険を生じる意図的活動は、刑事制裁に服すべきである。

2. 代替的な制裁手段の使用及びそれらに与えられるべき優先性について争いがある。しかし、自由刑及び重い（significant）刑事罰金刑は、民事及び行政上の制裁ならびに矯正策が特定の環境問題を処理するのに効果がなく或いは不適切な場合にのみ、用いられるべきである、という合意は存している。

3. 自然人及び非―自然人（non-physical person）に対する刑事制裁の使用において、法体系間に相違がある。また、非―自然人が犯罪に関与した代理人（human agent）の責任から独立して処罰可能たるべきか否か、処罰可能であるとすれば、両者共に刑事制裁に服すべきであるか否か、ということについても明らかでないところがある。自然人及び非―自然人の責任との関連において各国法体系の相違を存続させることには、正統な理由がある。しかしながら、自然人に対するものであれ、非―自然人に対するものであれ、制裁は、責めを負うべき行動を抑止し、懲らしめ、その行動における変化を将来に向かって確保するのに相当なものであるべきである。更に、道徳的に非難されるべき行動は、自然人のみならず、非―自然人によっても行われ得る、ということが承認されている。

III　環境犯罪

1. 中核的犯罪（core crimes）、即ち、独自の（sui generis）且つその内実において他の法に依存しない犯罪を、具体的に挙示する必要がある。中核的犯罪のリストは、各国の刑［事］法典（criminal code）に取り込まれるか、あるいは、取り込みの為に多国間条約において国際犯罪として承認されるべきである。当該リストの手始めとしては、自然人又は環境に対する損害発生の重大な危険を、意図的な或いは軽率な（dolus eventualis or culpa gravis）行動関与により、発生ないし創出した自然人ならびに非−自然人両方の道徳的に非難されるべき行動が考え得る。

2．罪刑法定主義（the principle of legality）に従い、犯罪の定義には確定性がなければならない。それ故、個々の犯罪の主要要素は、下位にある授権されたもの（subordinate delegated authorities）によって決定されるべく［未確定で］残されるべきではない。

3．刑法は、行政的に確立された規準及び基準の執行を補完することは許されるが、実行可能な限り（as far as practical）、行政法から独立して機能すべきである。

4．現実的な結果または危険の重大性を根拠として規定された違反行為（offence）に関しては、行政法中に定められた基準及び指示規則（prescription）との適合を根拠とする抗弁は、行為者がこれらの基準との適合によっても重大な危害が生じることを認識していた場合には、合理的な範囲で制限されるべきである。

Ⅳ　裁判管轄権

1．環境違反行為に対する裁判権の行使は、国内法及び各国の負う国際法上の義務を基礎として、行われるべきである。

2．関連する総ての国により承認されている環境犯罪を成立せしめる損害、または、損害の虞れが、ある国の裁判管轄権の外部で生じた場合、被訴追人の為の適正な保護の付与の下で、違反行為の全部または一部の行われた国、違反行為からの影響または損害を被った国、あるいはその両方の国において、違反行為者を訴追することが可能たるべきである。

3. 数カ国によって違反行為と承認されている環境違反行為を成立せしめる損害、または、損害の虞れが、いかなる国も裁判管轄権を有しない場所で生じた場合、各国は違反行為者の発見された国でその者を訴追することを可能とする国際条約に同意すべきである。

4. 国際犯罪に関する国際条約によって国際刑事裁判所が設置されるならば、その裁判管轄は国際的に承認された環境犯罪の審判をも包含すべきである。

V　制裁の執行

国の調印した環境違反行為に関する国際条約が、自国の憲法あるいは法律の下では自力執行的ではない場合、国は国内法を制定することにより条約を施行すべきである。

国際刑法学会カナダ支部

一九九二年一一月五日

五　決議案（勧告）についての若干の注釈

「前文」関係でコメントしておく必要のある点は二つある。

第一は、前文第二パラグラフ以降一貫して「（環境）違反行為」と訳出した「offence」という用語についてであるが、これは既に簡単に触れた「penal」と「criminal」という概念の区別と関連する。即ち、本文II「環境犯罪における諸問題」1（a）に定義されているように、「penal sanction」という概念は、確立された行政的・規制的基準の不遵守に対して課される・道徳的非難という色彩の乏しい制裁を意味するのに対し、「criminal sanction」は道徳的非難に値する最も重大な不法行為としての「crime」に科される制裁を意味する（II（b）二文参照）。「offence」は、この「crime」のみならず、「penal sanction」の対象となる不法行為をも包含する概念である。我が国にも馴染みのある概念を用いれば、「crime」は刑事不法中の最も重いもの、重罪と軽罪の一部とでもいうべきものにほぼ対応するのに対し、それ以外の軽罪・行政犯・秩序違反行為等総てを含むのが「offence」といえよう。なお、上の区別を明確化する為、「penal」は「懲罰（的）」と訳出した。

第二は、「重大な環境違反行為の予防……の為に適切な制裁を規定することの好ましさ」を謳う第六パラグラフ関係である。同パラグラフには、決議案（勧告）原案作成段階までは、前提として「刑事責任に関する諸原則を調和させることの好ましさ」という一節も含まれていたのであるが、この一節に対しては、刑事責任を問うに際しての諸原理は各国それぞれの立場を尊重すれば足りる、その方が好ましい、という複数の反対意見が述べられ、削除されることとなった。決議案（勧告）の全体会議による承認に際しても、この点は確認された。

I「序論」では、二つの脚注関係についてコメントしておく必要があろう。これらはいずれも、カウンシル・オヴ・ヨーロッパ代表の提案意見・要求に大きな影響を受けている。

I1の本文中に登場する「他人配慮の原則（principle of showing consideration）が尊重されることを確保する責任」という表現は、原案作成資料として作業グループに提出された文書においては、「最高度の達成可能な配慮基準が実施されることを確保する責任（responsibility to ensure that the highest attainable standards of care are exercised）」と表現されていたものであるが、カウンシル・オヴ・ヨーロッパ・レヴェルでは既により詳細な内容をもった一個の原則として確立しており、それと置換する方が妥当である、という同代表の主張に基づいて、作業グループの段階で変更されたものであり、ただカウンシル非加盟国との関連上、内容の明確化の為、脚注(1)として定義を挿入することにしたものである。全体会議でも異論なく承認された。

なお、「他人配慮の原則」が尊重されていることを確保する責任主体について、決議案（勧告）では、「国」のみならず「社会」も含められているが、これは原案作成段階での強い要求に基づき挿入されたものである。その射程は明らかではないが、全体会議でも、決議案（勧告）として本当に必要なのかという確認（削除示唆）に対して、何人かの参加者が激しく反発したのが印象的であった。

脚注(2)として「環境（environment）」の定義が挿入された経緯は若干複雑である。既述の通り、全体討論終了の段階では、「環境」に文化財を中心とした「財産」を含むか否かについて厳しい対立が残っていたわけであるが、この点は、時間の関係もあって、決議案(勧告)原案作成作業グループ内でも決着がつかず、原案では、例えばII1(b)において、保護客体として一応「自然人、財産、または環境（natural persons, property or the environment）」いう表現が採られることになる。しかし、原案を巡る全体会議の審議において、「財産」を含めることに再び多くの異議が提起され、結局、「自然人または環境」とされることになったのであるが、これに対して、カウンシル・オヴ・ヨーロッパ代表から同カウンシルにおける議論の前提との相違を生じることに強い反対が提起された為、本決議案(勧告)との関連(のみ)における定義をおくこととなったのである。勿論、「環境」をいわば生態学的に捉えるという点に関しては基本的な一致が見られることは、いうまでもない。なお、或いは蛇足かもしれないが、この「環境」の定義の挿入については、挿入すること自体は全体会議で承認されたものの、現実に挿入された定義の表現自体は必ずしも明示的な了承を受けたものではないことを付言しておく(上述三末尾参照)。正式文書化された決議案(勧告)の配布を受けた時点において、「財産」が削除された代わりに、殆ど全く議論されていなかった「特色ある景観の様相(characteristic aspects of the landscape)」が含められている点について、私との個人的会話で不満を述べる参加者が何名かあったからである。

その他、「序論」関係では、企業等の組織体を記述するのに「non-physical person」という表現が用いられている点に注意を要するであろう。これは、法律上の人格性を認められていない組織(集団)の活動は総て構成員たる自然人の行為として捉えるのが当然である、ということを前提として採用された表現であるが、我が国の実定法において稀に見られるような、自然人集団を刑事訴追との関係上は法人と看做す或いは法人と同様に扱うという行き方をも全面的に排除する趣旨までとは考えられない。

決議案(勧告)II「環境犯罪における諸問題」に関しては、いずれも上述の「懲罰法」ないし「懲罰的制裁」と「刑法」ないし「刑事制裁」との区別、及び、主観的犯罪構成要素上の要求が留意されるべきであろう。その他は、理論学的には興味(問題?)ある点も多いが、仮訳を読んで頂けば、それで足りると思われる。

III「環境犯罪」1は、各国支部に対して、「独自の(sui generis)且つその内実において他の法に依存しない」「中核的［環境］犯罪」を特定・リストアップして、ジェネラル・レポーターに申告するように求めていた原案作成時以前の内容がモディファイされたものである。原案作成時以前では(国際刑事裁判所の管轄に服する)国際犯罪としての環境犯罪という観点がジェネラル・レポーター及びカナダ支部に強かったのが、上述のような議論を反映して、直接各国で行うように要請する、ということになったといい得よう。中核的犯罪の含められるべき「criminal code」が、従来的な刑法典なのか、道徳的非難という趣旨の明らかである限り、単行法・特別法で足りるのかは議論されなかったが、後者を排する趣旨までは含んでいないと思われる。「非―自然人」を行為・責任主体として取り込む必要もある。

Ⅲ2・3・4は、いずれも、環境犯罪ないし環境刑法の行政法規・法令からの内容的・機能的独立を求めるものであるが、抽象論としてはともかく、具体的に如何にして明確性(罪刑法定主義)の要請を満たし、行政従属性を解消していくのか、立ち入った議論が全く出来なかったのは惜しまれる。

Ⅳ「裁判管轄権」、Ⅴ「裁判の執行」については、既述の所に付加すべきことはない。

六　終わりに――雑感

本準備会議の特徴は、ジェネラル・レポーターやカナダ支部関係者のみならず、参加者の殆どが、実質的且つ率直な議論をしようという強い意向をもって集まり、それが相当程度に実現された、ということであると思われる。客観的成果が伴われているか否かは今後の評価に委ねる他ないし、参加者の地域的偏り・環境刑法への個人的コミットメントの相違等が知らずもたらしている問題性もあるであろう。初日に配られた各国ナショナル・レポートを読む時間的余裕があれば、或いは、ナショナル・レポートが事前に配布され得たならば、議論は一層実り多きものであったろうとも思われる。しかしながら、それらにも増して、実質的な議論の中で実感させられたのは、唐突と思われるであろうが、日本の刑事法学・環境刑法を巡る議論（あるいは、私個人？）の或る意味での孤立状況であった。大陸法系及びアングロ・アメリカ法系の両方の知識・それぞれのアプローチの問題性を既に一定程度知り、それを踏まえて議論している（積もり）にも拘らず、知っていることを議論の相手は知らないのである。両法系の知識を前提に日本の実状に合わせて修正した謂わば折衷的解決が、外国においても利用可能であるとしても、相手には日本に関する知識を得る機会さえ乏しいのである。勿論、双方における言語障壁の存在は否定できないのであるが、日本の刑事法学の状態を的確に伝えていく努力の必要性が痛感される。それと同時に、四方を海に囲まれていることが、環境刑法においては特に典型的に、国際的規模・次元における真の問題を取り込み得るような視座の育成にマイナスに働いていることも実感・自省させられた。会議出席の感想として、蛇足ながら付け加えておきたい。

なお、本準備会議への参加にあたっては、財団法人社会科学国際交流江草基金より寛大な援助を受けた。記して感謝したい。

（一九九三・二・一五　ミュンヘン）

（追記）　この点については、本書一六三頁注(10)で補足説明している。参照されたい。

第九章　「環境刑法」に関する国連関連研究機関主催の二つの専門家会議・報告

環境の保護の為に刑事制裁を使用しようという動きは、国際レヴェルにおいては、新たな段階に入っている。エコセントリックでインターナショナルな環境刑事刑法を、実効性・執行可能性をイノヴェイティヴに考慮しつつ、各国が一致して立法し得るよう、具体的なポリシー・ガイドラインやノウハウの提供等により協力・指導・援助するという方向が確定され、その実現の為に様々な活動が実施されている。その中で、影響力の大きさという観点から特に注目すべきものが、九五年初頭の第九回国連犯罪予防及び犯罪者処遇会議に向けた一連の動きである。

本連載の（1）【本書一四七～一六三頁】は、その動きの概要を、同会議ワークショップの一つ「国内および国際レヴェルにおける環境の保護：刑事司法の可能性と限界」の準備の為の第二回専門家会議（スティーヴンスン会議）への参加報告を通じて紹介する。現在の国際社会状況下における環境刑法の幾つかの見落とし易い或いは新しい問題点等も指摘する。

本連載の（2）【本書一六四～一八五頁】は、スティーヴンスン会議から派生したもう一つの専門家会議（ポートランド会議）「国際的、国内的、そして、地域的な環境の保護における刑事制裁の使用」における討論内容を紹介する。国家機関の刑事責任、私人による刑事訴追、環境監査資料の刑事手続上の取扱い、ＮＡＦＴＡ付随合意等における地域的執行改善枠組等々、今後の我が国にとって興味深い論点が多い。

本連載の（3）【本書一八五～二〇四頁】は、ポートランド会議で採択され、第九回国連犯罪予防および犯罪者処遇会議を初め、多くの国際機関会議へのバックグラウンド・ペイパーとしての提出の予定されている極めて斬新な勧告の仮訳である。

一　はじめに

九〇年代に入って漸く本格的に具体的な展開をみせてきた「環境」保護の為の国際的な協調行動は、今や刑事法の領域においても――国内刑事執行担保法の制定を義務付ける従来の単発的な国際条約等の集積のレヴェルを超えて――様々なルートを通じて現実化しようとしている。その方向性は、国境という人為的制度を超えた「環境」ないし「生態系」の地球規模での保護の必要不可欠性・緊急性という視座からすれば当然のものである反面、近代刑事法的発想にとっては信じ難く驚異的なこと、従って、正に議論の余地あるものといい得るところであろうが、理念上ないし政策上の問題としても事実上の問題としても余りに大きな隔たりのある各国の環境保護の為の刑罰権の在り方・発動形態を、相当に具体的且つ詳細な統一的指針を示すことにより、なお間接的あるいは漸進的であるにせよ、可能な限り拘束力ある形で早急に統合していくということにあるといい得る。九月にリオデジャネイロで開催された第一五回国際刑法学会総会の第一テーマ「環境に対する罪」に関する勧告決議(1)は、このような展開方向への具体的な第一歩を記すものであるが、現実的・事実的な影響力が圧倒的に大きく、その意味において謂わば決定的重要性を有し得るのは、全体会議での議題に加え、リサーチ・ワークショップのテーマの一つに「国内および国際レヴェルにおける環境の保護：刑事司法の可能性と限界」を掲げる来年一月開催予定の第九回国連犯罪予防および犯罪者処遇会議であろう(2)。筆者は、本年三月中旬から下旬にかけ、同会議の準備を直接あるいは間接の目的として連携して相次いで開催された二つの専門家会議に参加する機会を得たが、同会議の有する上述のような意義に照らしてのみならず、それぞれの専門家会議の議論内容および提示された成果の今後の「(国際)環境刑法」の展開にとっての重要性に鑑みても、これら自体について報告しておく価値と必要性があると考え、本稿を記すことにした次第である。

なお、二つの専門家会議とは、三月一六日から一八日にかけてアメリカ合衆国ワシントン州スティーヴンスン（オレゴン州ポートランドからコロンビア河沿いに車で四五分程の所にある町）で行われた国連地域間犯罪および刑事司法研究所（United Nations Interregional Crime and Justice Research Institute, Rome, Italy. 以下、ＵＮＩＣＲＩ）主催の「第九回国連犯罪予防および犯罪者処遇会議におけるリサーチ・ワークショップ『国内および国際レヴェルにおける環境の保護：刑事司法の可能性と限界』の為の第二回専門家会議ならびに第三回ワーキンググループ会議」と、三月一九日から二三日までオレゴン州ポートランドにおいて開催された刑法改正および刑事司法政策に関する国際センター（International Centre for Criminal Law Reform and Criminal Justice Policy, Vancourver, Canada. 以下、ＩＣＣＲＣＰ。同センターの詳細については後述参照）ならびにポートランド組織委員会（詳細につき後述参照）主催、ＵＮＩＣＲＩ協賛の「『国際的、国内的、そして、地域的な環境の保護における刑事制裁の使用』に関する国際専門家会議」とであるが、本稿においては、便宜上、前者をスティーヴンスン会議、後者をポートランド会議と呼ぶこととしたい。また、いずれの専門家会議も国連関連の研究機関の主催によるものではあるが、筆者は委嘱を受けた或いは招待されたエキスパートとしての個人資格で参加したものであり、本稿も全く同様の立場から個人的観察・評価に基づいて記されたものであることをお断りしておきたい。

（1）　同勧告決議案の作成経緯・内容の詳細については、拙稿「第一五回国際刑法学会総会（一九九四年・リオデジャネイロ）第一テーマ「環境に対する罪と刑法総則」の為の準備会議（一九九二年一一月二日～六日・オタワ）報告書」刑法雑誌三三巻三号（一九九四年）五八七頁【本書一二七頁】以下を参照されたい。

（2）　なお、本稿執筆時点においては、諸般の事情により、同会議の開催日時・場所等についての詳細は最終的な確定をみていないようである。【結論的には、一九九五年四月末から五月上旬に掛けて、エジプトのカイロで開催されたが、そこに至るまでには若干の紆余曲折があった。この点に関連して、本稿末尾の追記及び本書二一三頁注(1)を参照されたい。】

二　スティーヴンスン会議

（1）　開催までの経緯

第九回国連犯罪予防および犯罪者処遇会議（以下、第九回コングレス）の開催準備は、正式には九一年一二月一八日の国連総会(第四六会期)決議一五二号に始まるといえるが、本稿との関係においては、九三年四月一三日から二三日までウィーンで開催された国連犯罪予防および刑事司法委員会・第二セッション以降の経緯を紹介すれば足りるであろう。もっとも、同セッションにおいて、第九回コングレスにおけるリサーチ・ワークショップ「国内および国際レヴェルにおける環境の保護：刑事司法の可能性と限界」の設置と概要とが事実上確定され、ワークショップ準備の為のコーディネイションをＵＮＩＣＲＩが担当することとされたのではあるが、そのバックグラウンドとして既に以下のような複数の国連所属研究機関等の先行的研究プロジェクトが存在していたことには注意を要する。

先ず第一に、ＵＮＩＣＲＩは、九一年、マックス・プランク外国刑法および国際刑法研究所（以下、ＭＰＩ）(3)と協議の上、六つの開発途上国とオーストラリアおよび旧チェコスロバキアの八ヵ国を対象とした実証的研究プロジェクト「環境犯罪、制裁の為の戦略、持続的発展」を開始し、既に同年一二月には、その中間結果を検討すべく、イタリア・メッシナにおいて国際セミナー「環境の保護と刑法」が開催された他、九二年初頭には国連犯罪予防・刑事司法委員会に中間報告書が提出されている。そして、この研究プロジェクトは、委員会第二セッション時点においては、更に二つの国連関連研究機関、即ち、オーストラリア犯罪学研究所(Australian Institute of Criminology, Canberra, Australia. 以下、ＡＩＣ）および犯罪予防と統制の為のヨーロッパ研究所（European Institute for Crime Prevention and Control, Helsinki, Finland. 以下、ＨＥＵＮＩ）と共同遂行されるに至っていたのである。[4] 他方、ＨＥＵＮＩも、九一年、ヨーロッパの一三ヵ国を対象とし、主としてエンフォースメントの側面に焦点をあてたアンケートに基づく研究プロジェクト「ヨーロッパのパースペクティブから見た、自然と環境の保護における刑法に関する指針」を開始し、九二年四月には、ドイツ・ラウクハマーにおいて、同プロジェクトの結果を提示する為の同名のセミナーがＭＰＩと共催（ドイツ司法省後援）で開かれている。[5] 更に、ヨーロッパ評議会の犯罪問題に関するヨーロッパ委員会も、刑法的環境保護についての専門家グループを構成し、相当な調査・研究を進めていたのである。

このような状況をバックグラウンドに、国連犯罪予防および刑事司法委員会・第二セッションでの決定を受けたＵＮＩＣＲＩは、早速、九三年四月二六〜七日の両日、ＵＮＩＣＲＩ、ＭＰＩ、ＨＥＵＮＩ、ＡＩＣ、ＩＳＰＡＣ (International Scientific and Professional Advisory Council of the United Nations Crime Prevention and Criminal Justice Programme) 所属の専門研究員から構成されるワークショップ準備の為のワーキンググループの第一回目の会議をローマで開催し、ワークショップの準備の方法論と準備作業実施予定が議論の上、確定された。その内容は、委員会第二セッションにＵＮＩＣＲＩから提出された「暫定企画書 (Draft concept paper)」を基本的に受け入れた上で、若干の細部的な修正を為したものであるが、詳細は省略する。ワークショップの目的は、要するに、上述の諸先行研究プロジェクトによって得られた研究上のノウ・ハウを含む様々な知見を集約・補完しつつ、更により広範な地域に関して各国専門家による実証的事例研究を新たに行い、これらを統合して、環境保護の為の刑事法使用の可能性と限界についての情報・指針を提示し、国際的次元での研究および実務上の戦略の展開を促進することである。そこから、各国専門家による実証的事例研究の実施が先ず当面の遂行課題として設定されたのであった。

この実証的事例研究の実施計画としては、ＵＮＩＣＲＩとＭＰＩが共同作成・提示した「ガイドライン」に従い、国境越え環境汚染（大気汚染・水質汚濁等による国境越え環境汚染と有害物質の輸出入・廃棄とに細分）、大企業等による国内大規模環境汚染、中小企業または一般市民による国内小規模環境汚染という三類型につき、各々、成功例・失敗例・その他有益な示唆を与える例という観点から見て適切と思われる事例を三例ずつ、計一二例取り上げ、採られた対応策、法的処理とその問題点、社会的インパクト等を含めて記述・分析するパイロット・スタディーを九三年八月中旬までに行うことを対象国一一ヵ国の専門家に委嘱し、その結果を九三年九月下旬にローマかマルタ島で開催する第一回専門家会議（ＵＮＩＣＲＩ担当）および第二回ワーキンググループ会議に持ち寄って「ガイドライン」の必要な修正を行い、この「改訂ガイドライン」に従って行われる実証的事例研究を九四年三月か四月にカナダ・ヴァンクーヴァーで開催予定の第二回専門家会議（ＩＣＣＲＣＰ担当）および第三回ワーキンググループ会議(6)で最終的に取り纏める、ということが決定された。対象国一一ヵ国には、先行プロジェクトの存在や国連関連研究機関の支援可能性、現実的な研究遂行能力等々を考慮したものと思われるが、オーストラリア、ブラジル、カナダ、中国、スウェーデン、ドイツ、イタリー、日本、ナイジェリア、ポーランド、チュニジアが提案され、承認された。研究を委嘱する専門家については、この段階では、数ヵ国分を除き、未確定であった。

実施計画はほぼ順調に進行し、第一回専門家会議および第二回ワーキンググループ会議が、九三年九月三〇日から一〇月二日にかけ、マルタ島のゴゾーにおいて開催された。我国からは国連アジア極東犯罪防止研修所（UNAFEI）の佐々木知子教官がアドホック・エキスパートとして実施したパイロット・スタディーが既に提出されていたが、筆者は専門家としての出席を依頼されたものの、九月中旬に在外研修から帰国した直後という事情もあって、同専門家会議には出席することはできなかった。第一回専門家会議が、「ガイドライン」の修正のみならず、実証研究を委嘱された専門家達の顔合わせという性格をも有していたことに鑑みると、これは残念なことであった。ただ、筆者との関係でいえば、専門家達の数人は旧知であったこともあり、殆ど影響がなかったのは幸いであった。

第一回専門家会議の第一の議題は、各国パイロット・スタディーの簡単な紹介とパイロット・スタディーの実施経験に照らした「ガイドライン」の改訂作業であった。結論的には、国境越え環境汚染の類型の紹介・分析を従前の二下部類型から海洋汚濁（maritime pollution）を含めた三下部類型に変更すると同時に、それぞれの下部類型の要件規定を若干修正し、且つ、国境越え環境汚染の適切な事例を見出すのが非常に困難であるという全体的意見に基づき、紹介・分析すべき事例数も変更された。即ち、パイロット・スタディーでは、総計一一事例の紹介・分析が要求されていたのが、国境越え環境汚染については、各下部類型毎に少なくとも一事例挙げられれば良いということで、最小九事例、最大一五事例の紹介・分析が要求されることとなった。その他、各国環境法制の記述方法等に関しても修正が加えられたが、詳細は省略する。また、各国からの最終報告書の提出期限が九四年三月一日と決定された。

第二の議題としては、アメリカ合衆国オレゴン州で行われた極めて斬新なエンフォースメント方式の採用を含む環境刑法立法（Oregon State Senate Bill 912, June 29, 1993, “Environmental Crimes Act”, put into effect on November 4, 1993）[7]が取り上げられ、この議題の為に招待されたオレゴン州下院議員・オレゴン州立大学ポートランド校（Portland

State University）教授トム・メイスン氏が資料の配布・説明を行った後、同法に関する討論が行われた。

更に、メイスン教授からは、九四年三月か四月にカナダ・ヴァンクーヴァーで開催予定の第二回専門家会議および第三回ワーキンググループ会議につき、ＩＣＣＲＣＰ代理人の資格において、これらを九四年三月下旬にアメリカ合衆国オレゴン州ポートランドで実施（することに変更）したい旨の提案が為された。(8) 議論の詳細は不明であるが、結論としては、このＩＣＣＲＣＰ提案の環境刑法に関する専門家会議は、第二回専門家会議および第三回ワーキンググループ会議とは密接な連携をとりながらも一応別に組織することとされ、後述のポートランド会議として実現することとなった。この関連において、第二回専門家会議および第三回ワーキンググループ会議が、三月下旬にポートランド会議の前後に連接して開催される見込みとなったことは、既に述べるまでもないであろう。

第二回ワーキンググループ会議は、第九回コングレスにおけるワークショップの実施計画、国連犯罪予防・刑事司法委員会に提出される「ポジション・ペイパー」の骨子、ポートランド会議と第二回専門家会議・第三回ワーキンググループ会議との関連付け・日程等についても議論しているが、詳細は省略する。

ポートランド会議と第二回専門家会議・第三回ワーキンググループ会議の関係付け・日程等は、九三年一二月中旬に、現実に実施された形で行われることが確定された。即ち、第二回専門家会議・第三回ワーキンググループ会議は、ＵＮＩＣＲＩ主催で九四年三月一六日から一八日までポートランド近郊ワシントン州スティーヴンスン所在のスカメイニア・ロッジで、ポートランド会議はＩＣＣＲＣＰとポートランド組織委員会の共催・ＵＮＩＣＲＩ協賛で九四年三月一九日から二三日までポートランド・ワールドトレイドセンターⅡで行われ、後者は、環境刑法に関連する諸問題についての一連の勧告（模範国内環境刑法典を含む）を出すことが目的とされることになった。

（3）ＭＰＩ自体が極めて大規模な環境刑法研究プロジェクトを実施し、一連の報告書・比較法叢書を公刊してきたことは、改めて紹介するまでもないであろう。

（4）なお、同研究プロジェクトの成果は、既に del Frate, Anna Alvazzi & Jennifer Norberry (eds.), Environmental Crime, Sanctioning Strategies and Sustainable Development (UNSDRI/UNICRI Publication No. 50 : United Nations Publication. Sales No. E. 93. Ⅲ. N. 4, ISBN 9-290-78024X), Rome/Canberra, 1993 として公刊されている。

（5）詳細については、例えば Möhrenschlager, Manfred, Bericht über eine Europäischen Konferenz über Umweltstrafrecht, wistra 1992 Heft 6, SS. Ⅵ ff. を参照されたい。

（6）なお、第二回専門家会議および第三回ワーキンググループ会議の開催予定は、第二回ワーキンググループ会議において後述のように変更された。

（7）原文の入手は、LEXIS 等によっても可能である。

（8）第二回専門家会議および第三回ワーキンググループ会議の開催担当であったＩＣＣＲＣＰが、積極的な環境保護（刑事）立法を推進するオレゴン州の関係者に協力を依頼し、そこからこのような形の提案が生まれてきた、とのことである。

（2）第二回専門家会議の議事進行および討論内容の概要等

さて、漸く筆者の参加した第九回コングレスにおけるリサーチ・ワークショップの為の第二回専門家会議についての報告に入ることのできるところまで辿り着いた訳であるが、予めお断りしておく必要のあると思われる点が幾つかある。

第一は、筆者が、本務との関係で、三月一六日午後のセッションからしか会議に参加することができず、午前のオープニング・セッションおよびオーストラリア・ブラジル・カナダからの専門家による報告は聴くことができなかったという点である。ただし、オープニング・セッションには、特筆すべき事柄はなかったようである。

第二は、筆者の聞くことのできなかったものを含め、各国専門家の報告が、主として事例選択・執筆の観点についての一五分程度の簡単な説明に止まったということである。勿論、事例研究を委嘱された上掲一一ヵ国の専門家は、全員、期限までに最終報告書をＵＮＩＣＲＩに提出し、総ての報告書は会議席上において配布されたので、これらを基礎に報告の詳細を再構成することは可能ではある。しかし、これらの報告書が当面は再配布を許されていないことにも鑑みて、(9)本稿も各国からの報告の注目すべき点のみを指摘するに止めることとしたい。

第三は、各国専門家の報告に引き続いて行われた議論の内容も、既に報告書の性格から明らかなように、主として広義のエンフォースメント、ないし、そのポリシーの側面に関するものであり、従って、理論学的な意見の交換等よりは各国のエンフォースメントの実情に関する確認的説明要求・応答と性格付けるべきものであったということである。のみならず、それらも、報告書内容をも取り込んだ上で、上述の三つの類型について各々選出されている一名の専門家によりペーパーとして集約され、第九回コングレスでの議論の方向付けの用に供されることが決定されているということに鑑み、ここでは、我国で環境刑法理論を考える上で考慮すべき問題点という若干別の視点から報告しておくこととしたい。

三月一六日午後のセッションでは、中国、ドイツ、イタリー、ナイジェリア、ポーランドからの報告が行われた。中国からの報告は、国家環境保護局宣教司という肩書を持つ人によってなされたが、必ずしも環境保護刑事実務にも環境刑法理論学にも詳しい人ではなかった為か、正直なところ、何を言いたいのか把握しかねるものであった。刑事制裁の使用を含め、環境保護法制の整備が相当程度進行していることを幾つかの事例を挙げて述べたのであるが、中国は広大であってそのエンフォースメントの実態等については掌握できていないという印象を強く与えるような謂わぱ逃げ腰の発言や、外国通信社等によって我国にも伝えられているような広範な環境破壊の情報を意識してであろうが、中国の環境破壊はなお局部的なものであり、それほど深刻なものではないと思うが、あるいはかなり進行しているかもしれない、というような発言も含まれていた。報告後の質疑応答・議論は実質的に何も行われなかった。隣国である我国からすれば、中国の環境保護の為の現実的施策には大いに関心をもつところである反面、他国からの専門家の間にも、そこにおける刑事制裁の過剰な使用への懸念が共有されていたように感じられた。

ドイツからの報告は、ＭＰＩ所属の二人の刑事法専門家によるもので、ドイツ環境保護法制全体中における刑事法及び秩序違反行為法の地位、行政法的規制の優越とそこから生じる所謂行政従属性の問題、法人ないし組織体の刑事責任の問題、環境犯罪の倫理的非難に値するものへの限定の問題、責任主義の問題、そして、第二次環境刑法改正の動向というような総論的・理論学的なものであったが、エンフォースメント上の問題として、大企業等が環境犯罪を行った場合の捕捉が行われにくいということも言及されていた。ＭＰＩないしドイツ刑事法学の立場は既に参加者の間で十分理解されていた為か、報告後の議論は、質疑応答というより、例えば、環境犯罪について厳格責任を認める必要性の存否(10)、国家機関の刑事責任追及の可否(11)、法人ないし組織体の刑事責任の理論構成等の問題に焦点が集まった。

イタリーの報告者は、ＩＳＰＡＣから委嘱を受けた憲法・環境法の専門家であったが、環境保護の為の刑事制裁の使用は実効性に疑問があり、経済活動規制という観点からすれば、より柔軟な対応を可能とする行政法上の規制ないし個別的処分に力点を置くことによって成功してきたのが従来の法制度であり、今後も同様であるべきであるという〝持論〟を展開した。これに対しては、イタリーでも独占禁止法等を初めとして経済活動規制の為に刑事制裁を使用してきたであろうし、使用せざるを得なくなっているのではないか等の疑問が提示された他は、報告者の確信の表明ともいうべき報告であったので、特段の議論は生じなかった。

ナイジェリアからの報告は、環境法を専攻する学者であり政府委員会関係者でもある専門家により為されたが、発展途上国の抱える問題を象徴するもので、極めて印象深いものであった。第一に指摘されたのは、環境犯罪の主体及び質の開発先進国のそれとの相違であった。即ち、環境犯罪の主体は、鉱工業関連大企業であるとすれば、国内事犯の場合にせよ越境事犯の場合にせよ、それは先進国資本のものかそれとの国家的合弁企業であって、いずれも政治経済的理由もあって法執行機関のリーチの及び難いものであること、また、農業排水・生活排水等による水質の富栄養化による藻類・水生植物の異常繁殖等の場合には、主体は主に教育レヴェルの低い一般国民であって、環境保護規制の意味自体を理解させ難いし、それが越境事犯の場合には殆ど打つ手がないということ等であった。第二に指摘されたのは、先進諸国からの経済援助の獲得の為や圧力によって政府はビューティフルな環境保護法制をとにかく形成してきたけれども、それを十全にインプルメントする技術力も経済力もないし、エンフォースする能力もない、ということであった。開発途上国へのより一層の積極的援助を求めるという潜在的な論調になってしまったこともあるであろうが、確かに従前の先進諸国からの報告に欠けていた視点を提示するものであり、深く考えさせられて質問の言葉もなかったというのが事実であった。

ポーランドからの報告は、科学アカデミー環境法研究グループ所属の刑事法専門家により為され、従前、西欧諸国への越境汚染源として白眼視されてきたポーランドも、現実にはドイツを含む周辺諸国、特に東欧諸国からの越境事犯の被害者になっていること、西欧先進工業国からの有毒廃棄物の輸入や運送経路化等の問題が近時において重大化していること等の指摘がなされた。報告後の質疑応答はなかったが、ソ連・東欧社会主義諸国崩壊後の陸続きのヨーロッパ諸国における新たな環境刑事法の重要問題の一を明示するものであったといい得よう。

三月一七日の午前のセッションでは、日本、スウェーデン、チュニジアからの報告が行われた。既述のように、マルタ島のゴゾーで開催された第一回専門家会議では、日本からはパイロット・スタディーのレポートが提出されたのみで、口頭報告が為されていなかった為、他の報告者に比べて筆者は若干長めに発言することを許された。前提としての我国の環境保護法制と刑事法制の特徴に関しては、九三年一一月の環境基本法の制定とそれに伴う法的視座・枠組の変更、刑事法への暫時的影響の可能性を示唆した上で、現行法上の行政（刑）法主体のアプローチの特徴として、直罰規定の存在、両罰規定による法人ないし組織体責任の捕捉と責任主義との整合化の為の理論構成、そして、エンフォースメント実務における刑事制裁使用への消極的傾向とその原因等を説明した。また、刑事刑法としての公害罪法の存在、因果関係の推定規定等の特徴とその問題点、更に、判例の限定的解釈の確立による実効性の喪失等を指摘した。具体的な事例研究としては、国境越え環境汚染に関しては適切なものが見出せないものの、問題解決上の留意点あるいは可能的・代替的アプローチを示唆し得るものという観点から、アジア大陸諸国における化石燃料、特に石炭の使用によって生じた窒素酸化物の酸性雨ないし酸性雪としての我国への降下の事例（技術援助、外交交渉、法執行上のノウ・ハウの供与）、バーゼル条約の国内執行法としての指定有害廃棄物の輸出入の管理に関する法律の起草段階における関係省庁間の紛争の事例（輸出先国での環境保全の確保、管轄の間隙を突く事犯の存在）、ロシアによる低レヴェル放射性廃棄物の日本海公海上での投棄の事例（多国間条約交渉等の外交交渉、常設的監視機関の設置）を挙げた。大企業等による国内大規模環境汚染の事例としては、水俣病事件、日本アエロジル塩素ガス放出事件、三菱石油水島製油所油濁事件をそれぞれ挙げ、中小企業または一般市民による国内小規模環境汚染としては、典型として、生コンクリート販売会社による水質汚濁防止法違反事件と船舶用燃料販売会社による海洋汚染防止法違反事件を挙げつつ、警察庁の環境事犯取締に関するポリシーによる事件の偏りや検察・裁判所での事件処理の特徴を説明した他、事件ではないが、滋賀県琵琶湖富栄養化防止条例における特色ある刑事制裁の使用の例を指摘しておいた。質疑応答においては、我国の両罰規定が事業主に無過失責任を認めるもの、あるいは、過失擬制・反証を許さない推定を認めるものという情報が伝えられていたようで、その解釈論に質問が集中した。その他、国境越え環境汚染について挙げた諸事例に関連して、刑法に代替する問題解決手段についての意見交換があった。

スウェーデンの報告は、環境保護局ナショナル・ライセンシィング・ボードの法律顧問によって行われた。聞き取り難かった為、あるいは正確ではないかもしれないが、環境汚染を犯した場合に極めて高額のクリーンアップ費用の負担を命じられることや、汚染防止設備設置に対する税法上の優遇措置等の国家からの様々なインセンティヴの付与があることから、企業は環境犯罪を犯して訴追される危険を自ら回避する傾向にあるということのようであった。クリーンアップ費用の負担命令は刑事罰として行われるのかという質問に対して、それは民事ないし行政のものであるという回答が為された他は、特段の議論は為されなかった。なお、スウェーデン刑法典は、法人自体に対する罰金の制度を八六年に導入しているし、犯罪行為からの利益の剝奪処分は環境犯罪にも適用されるようである。

チュニジアからの報告者は、チュニス大の研究者であり、専攻は刑事法関係のようであった。第一外国語はフランス語であり、報告は実質上、ＵＮＩＣＲＩにより英訳・席上配布された報告書の項目を忠実に読み上げる内に時間切れということになってしまったが、印象的であったのは、ナイジェリアの場合と同様、開発途上国特有の問題を抱えているということであった。即ち、外資系企業による環境犯罪の捕捉が現実的に困難なこと、所謂産業公害に限らず、近隣諸国からの家畜等の輸入に伴う有害病虫の侵入や意図的放出というような事例が極めて重大なインパクトを有していること、対策を講じる自国能力の欠如等がそれである。地理的関係からか、他国船籍の船舶等による海洋汚染という問題も多いようである。また、アフリカ諸国間での有害廃棄物の輸出入を禁ずる多国間条約等の存在等を知ることができた。報告後の質疑応答はなかった。

三月一七日の午後のセッションでは、事例研究が前提とした上述の三つの類型毎に各国からの報告書内容・会議での議論を集約して第九回コングレス用のペーパーを作成すべく選出されていた各一名の専門家が、その集約の視座・骨子を提示し、それについて意見を交換するということが行われた(12)。

第一の国境越え環境汚染の類型については、有害物質の輸出入・廃棄という第二の下部類型に関してのみ刑事制裁の使用の大いなる、あるいは、現実的な可能性が認められ、第一の下部類型である大気汚染・水質汚濁等による国境越え環境汚染については外交交渉・条約等による解決の方が遥かにポテンシャルを有し得ること、第三の海洋汚染は既に多くの国内法・国際条約等によりカヴァーされており、なお補完と執行改善が必要である、という骨子の提示が行われた。これについては、参加専門家の間に異論はなかった。グリーンピース等のNGOや所謂グリーン・ヘルメットの役割・機能等についても若干の意見交換があった。

第二の大企業等による国内大規模環境汚染という類型に関しては、大陸法系諸国とコモン・ロー系諸国との間に法人ないし組織体の刑事責任を認めるか否か、如何に理論構成するかで大きな差異があり、且つ、いずれの法系においても十全な執行が行われていない、という基本的視座から、法人ないし組織体の刑事責任の追及の為の刑法の拡張（例えば、集約者の個人的見解ではあるが、法人ないし組織体に関する別個独立の刑法典の編纂）が必要であるという旨の意見集約が提示された。基本的視座については、筆者の観察し得た限りでは、見解の一致が存したように思われるが、執行の不十分さの原因については、刑事司法機関における情報収集の本来的な困難性を挙げ、そこから、情報へのアクセスのより容易な行政(法)的解決の方が実効的であるという立場も主張されたし、上述の意味での刑法の拡張が必要とされているという意見集約については否定的な雰囲気が支配的であったように思われる。

第三の中小企業または一般市民による国内小規模環境汚染の類型に関しては、開発途上国における事例の固有性・特殊性や先進国との経済力の相違等に鑑みて、また、地理的条件からする現実的な執行可能性の問題に鑑みて、先進国と開発途上国との間でのアプローチの差異を認める必要があるという基本的視座から、先進国においては軽微事犯の非刑事法的処理の方向が是認されるとしても、開発途上国においては何等かの司法的関与・コミットメントが必要であり、その限度での刑事制裁の使用も、少なくともベターである、という意見集約が為された。これに対しては、開発途上国の専門家から、最早、経済的貧困を理由とする特別な取扱の根拠付けは為すべきではないのではないか、という根本的疑念が提示され、基本的なスタンスに関する議論が行われたが、結局、明確な意見集約はできなかったように思われる。

第九回コングレスに如何なる集約ペーパーが提出されるのかは必ずしも明らかではないが、要約者の出身国の状況や個人的な問題関心の所在に十分留意して議論していく必要が痛感された。

この後、第九回コングレスまでの作業スケジュールの確認、第九回コングレスにおける環境刑法関連のプログラムの概要説明等が行われ、UNICRIから各国専門家に対する協力への感謝、コングレスへの出席・共働への努力依頼があって、第二回専門家会議は閉会となった。

なお、翌三月一八日午前中には、第三回ワーキンググループ会議が、既述の国連関係研究諸機関から派遣された専門研究員と事例研究を要約すべく選出された専門家(レポーター)を構成員として開催された。筆者はこの会議の構成員ではないし、審議内容についてもここで報告すべきものとも思われないが、第九回コングレスのワークショップの中で行われることの予定されていた専門家によるパネル・ディスカッションのテーマが「刑法による環境保護：個人責任の限界－集団的責任（Collective Liability）の可能性？」と決定され、パネル構成員の候補者の選考が行われたことのみ記しておくこととしたい。

(9)　第九回コングレスでの配布は予定されているので、興味のある方は、そちらから入手されたい。なお、第二回専門家会議の使用言語は英語であり、その関係で、フランス語で執筆されたチュニジアからの報告書は、ＵＮＩＣＲＩにより英訳されたものが配布された。

(10)　拙稿・前出註(1)五九一頁【本書一三三頁】以下でも紹介したが、今回の実証的事例研究の対象国として報告書の提出されたカナダは、取締の実効性等を考慮して、環境犯罪に関して厳格責任を採用する方向にあるようであり、そこで、責任主義を堅持しようとするドイツ等大陸法系諸国からの専門家が強い関心を示し、若干の意見交換が行われたものである。なお、拙稿・前出註(1)でのカナダの厳格責任についての叙述は、ややミスリーディングであったので、ここで簡単に説明し直しておくこととしたい。カナダにおいては、所謂パブリック・ウェルフェア・オフェンス等について絶対責任及び厳格責任が認められている。絶対責任は、文字通り、完全な無過失責任を問うものであって、刑として罰金のみが予定されている場合に限り許され、刑として自由刑が入ってくる場合には許されない。自由刑が科され得る場合には、被告人に無過失立証による免責が認められねばならず、これが厳格責任と呼ばれている。拙稿の説明は、オタワでの会議で為されたカナダ関係者からの説明を忠実に紹介したものであったが、カナダではおよそ無過失責任を問えないという趣旨に解されたとすれば、お詫びしておきたい。

(11)　これも、今回の実証的事例研究の対象国として報告書の提出されたオーストラリアにおいて、訴訟形態等は不明であるが、既に認められているようである為、大陸法系諸国からの専門家の関心を惹いたものである。

(12)　改めて述べるまでもなく、集約担当の専門家により作成されるペーパーも最終的には各国からの報告書・議論の内容の個人的解釈・評価に基づくものであって、視座・骨子については、原則として、参加専門家達との間に了解が存するものの、詳細については力点の置き方・ニュアンスが相当異なり得ることに留意されたい。

三　ポートランド会議

(1) 開催までの経緯

本会議が、第九回コングレスにおけるリサーチ・ワークショップの準備の為の第二回専門家会議および第三回ワーキンググループ会議から分離され、それと密接に連携しながらも一応は別個のものとして開催されることとなった経緯については既に述べた。その目的は、環境刑法に関する諸問題についての一連の勧告・模範国内環境刑法典を含む具体的提案を提出することであったが、より具体的にいえば、第九回コングレスを初めとして、それ以前に開催される国連犯罪予防・刑事司法委員会第三セッション（九四年四月―五月）、国連国際法委員会第四五セッション（九四年五月―六月）、更には、第一五回国際刑法学会総会（九四年九月）等に提出する為の具体的な提言を含むバックラウンド・ペイパーを作成することであり、後述のような主催者・協賛ないし後援機関の顔ぶれ、実績等に鑑みても、極めて実践的な意図に基づくものであったことに注意を喚起しておきたい。

主催者の一方であるICCRCPは、サイモン・フレイザー大とブリティッシュ・コロンビア大とカナダ刑法改正協会との三者ジョイント・イニシアティヴにかかる比較的新しい研究機関であり、カナダのヴァンクーヴァーに所在する。政府・司法省とは、人的交流を含め、密接な関係を有しているし、政府刑法改正委員会が解散された現在においては、事実上、その部分的代替機能をも有しているように思われる。開発途上国の研究者等の招聘・受入・養成・共同研究も活発に行っている。国連犯罪予防・刑事司法プログラムを、勧告・決議等の作成の為の国際的な専門家会議の組織等によって積極的にサポートしてきており、今回の会議は、九二年三月に開催された家庭内暴力に関する国際専門家会議、九三年三月に開催された旧ユーゴスラビアにおける戦争犯罪を管轄する国際刑事裁判所に関する国際専門家会議に続く第三回目の企画であった。開会挨拶の中で、このような会議で挨拶すること自体が異例のことではあるがと断りながら、国連ウィーン事務局犯罪予防・刑事司法ブランチのスラヴォミール・リドー（Slawomir Redo）氏が、同ブランチを代表して本会議に対する大きな期待を表明したことの意味も、ＩＣＣＲＣＰがこれまでに主催した上掲の二つの国際専門家会議の成果に照らせば、自ずと理解できよう。[13]

もう一方の主催者であるポートランド実行委員会は、ＩＣＣＲＣＰからの呼び掛けに応えて構成されたアドホックな組織であるが、上述したオレゴン州下院議員トム・メイスン氏、州上院草案九一一号のスポンサーの一人であった同州上院議員ロン・シーズ氏、多数の州内の実践的大学研究者や環境保護団体に関係する法律実務家等から構成され、環境保護に（よる経済発展にも）力を入れるオレゴン州やポートランド市当局、隣接するワシントン州の環境保護局、ポートランドの多くの有力法律事務所等からも全面的なバックアップを得た正にパワノルな団体であった。[14]委員会メンバーの人的関係もあってか、連邦司法省や連邦環境保護局の関係者も少なからず会議に参加していたことも、特筆に値しよう。

なお、ＵＮＩＣＲＩは、形式的には主催者に協力ないし協賛するという形で会議と関わったが、会議のジェネラル・ラポトゥアにはＵＮＩＣＲＩ所長のハーマン・ウォルトリング（Herman Woltring）氏が指名され、報告書の取り纏め・作成にあたって極めて大きな役割を果たした点を看過することはできないであろう。

会議参加者は、主催者からの参加招聘を受けた者に限られたが、最終集計に拠れば、ＵＮＩＣＲＩ経由で参加を要請されたスティーヴンスン会議への参加者を含め、いずれも個人の資格で参加した二七ヵ国からの八一名に上った（筆者は、ＩＣＣＲＣＰからの直接の招聘とＵＮＩＣＲＩ経由での招聘との両者を受けることになった）。参加招聘については主催者も地域的偏りを可能な限り減らそうと努力したようであり、ロシアに加え、南米・アジア・アフリカ・アラブ・東欧等からも数ヵ国ずつの参加があったことは強調に値するが、なお幾つか問題を残したように思われる。一例としてアジアに関していえば、国際的な環境保護の観点からすると既に極めて重要な地位を占めているタイやインドネシアからの参加が得られなかったし、参加のあった韓国や台湾の研究者は、ドイツで学位を取得した大陸法系環境刑法を得意とする中堅ではあるものの、会議での使用言語とされた英語での議論・作業には殆ど入って来られないという状態であったのが、筆者には残念でならなかった。

会議プログラムの詳細については、次節以降に述べるが、前半に予定されていた全体会議各セッションでのテーマと報告者リスト、後半に予定されていた三つのワーキンググループによる勧告作成作業の為の素案的資料、参加者の暫定リスト等は、九四年二月下旬に会議参加者全員に送付され、参加準備を促進した。

(13)　詳細は不明であるが、ＩＣＣＲＣＰに拠れば、家庭内暴力に関する国際専門家会議で検討・改訂された家庭内暴力問題に関わる実務家の為のマニュアルは、近時、国連により公刊され、実務家養成の為のコース資料として使用されることになっている、とのことである。また、旧ユーゴスラビアの戦争犯罪を管轄する国際刑事裁判所に関する国際専門家会議の報告書は国連事務総長に伝達され、九四年初頭に設置をみた同国際刑事裁判所の構想に際して広範な活用をみた、とのことである。環境犯罪を国際刑事裁判所の管轄下に含めることについてのカナダの意向については、拙稿・前出註(1)【本書一三〇頁以下、一四五頁】参照。

(14)　前出註(7)の付された本文【本書一五三頁】参照。

（2）ポートランド会議のプログラム・議事進行の概要等

ポートランド会議のプログラムは、本会議の目的説明を含む主催者・来賓挨拶等のオープ ニングセッションを別として、前半の三月一九日午前から三月二一日午前までの全体会議による謂わば論点別の六セッション・八パネルと、三月二一日午後から三月二三日午前までの三つのワーキンググループに分かれた勧告案起草作業、三月二三日午後の全体会議による勧告案の審議および報告書の取り纏めの三段階に分けられる。

全体会議による論点別のセッションは、三つのワーキンググループにおける作業の前提としての全体的意向の把握（可能ならば、全体的合意の形成）を目的としたものと位置付けることができるが、それぞれのセッションは事前に依頼された四～五名程度のスピーカー（パネル）が意見を述べ、これについてフロアーからの質問・発言を交えて討論を行うという形式が採られた。個々には鋭い意見の対立が見られたものの、全体的な傾向としては、黙示的にせよ、各々の論点毎に一定の方向に纏まっていったように感じられ、興味深かった。各セッションのテーマ・論点、スピーカーの発言内容とそれに引き続いての討論内容の概要については、次節で紹介する。

三つのワーキンググループは、それぞれ、「トランスナショナルな環境事犯に対抗する為の国際条約の可能的諸条件に関する勧告案の起草」、「環境事犯に関する模範国内刑法規定の起草」、北米自由貿易協定（NAFTA）の付随合意に見られるような「地域的なエンフォースメント計画の可能的構造と実施に関する勧告案の起草」を目的としたものである。事前に指名されていた各ワーキンググループの議長とラポトゥアとを中心とした準備グループからは、既述のように、素案的資料（叩き台）も提出され、これは意見聴取の為にコンピュータ・ネットワークを経由して北米各地の環境保護団体に送付されてもいたが、三月二〇日午前の第三セッションの後に追加された各ワーキンググループ毎の準備調整会議での議論等を経る内に、筆者の加わった第二ワーキンググループを初めとして、いずれのワーキンググループにおいても、法系の相違等から生じる問題等が明らかになり、謂わば白紙状態からの再出発を強いられたようである。ワーキンググループの作業状況については、第二ワーキンググループを中心に、全体会議による勧告案の審議および報告書の取り纏め段階での議論から伺われた対立等を含めて、次々節で簡単に紹介する。

全体会議による勧告案の審議および報告書の取り纏めは、時間の関係上、各ワーキンググループの作業が未だ完了していない三月二三日午前一一時現在で各ワーキンググループからジェネラル・ラポトゥアに提出された状況報告を元にした暫定第三次報告書案を前提として行われた。具体的には、審議開始一時間程前から昼食の席上等で配布され始めた報告書案を、勧告案を中心に各頁毎に確認していくという手法が採られ、どうしても合意の形成されなかった問題点は、挙手による多数決で決着がつけられた。討論の様子の一部については、上述のように、次々節で紹介する。最終報告書は、この全体会議での修正を反映した上で、三月二四日午後四時頃までには完成し、会議会場で配布を開始すると同時に、速やかに参加者に郵送する他、コンピュータ・ネットワークを通じて環境保護団体等にも広めることとされた。これらが実現されたか否かは、筆者は三月二四日昼過ぎにポートランドを離れた為、確認できなかったが、筆者には三月二八日付けの送付状を伴った最終報告書が四月上旬に届いたことからして、さほどの遅滞なく処理された模様である。なお、最終報告書は一般にも入手可能である。是非取り寄せて、本報告と読み併せて頂きたい(15)。

本来のプログラムの他に、三月一九日の第一セッション中にはオレゴン州選出連邦下院議員エリザベス・ファース女史のスピーチ、三月一九日夕方には会場ロビーでのレセプション、三月二〇日夜にはオレゴン州科学産業博物館でのオレゴン州知事主催のレセプション、三月二一日夕方には会場で市民団体主催のブラジル・ナイジェリア・ケニアからの会議参加者によるパネルディスカッション「環境と開発」、三月二二日夕方には会場で市民団体主催のクウェイトからの会議参加者によるプレゼンテイション「湾岸戦争による環境破壊」、三月二三日夕方にはポートランドを見おろす指定文化財ピトック・マンションでの州内三大学関係機関主催のお別れレセプションが行われ、そこでの議論や個人的レヴェルでの夜遅くまでの交歓、ワーキンググループ関係での時間外作業等もあって、かなりハードで楽しい会議となった。

(15)　Internet 上で gopher を使用できる場合、Canada gophers - B.C. gophers - University of British Columbia - The Campus - Centres and Institutes - International Centre for Criminal Law Reform and Criminal Justice Policy - Criminal Justice and Environment とメニューを辿って行けば到達できる。Gopher を使用できない場合は、Prefontaine@law.ubc.ca へ E-mail で請求されたい。ハード・コピーの入手については、ICCRCP（1822 East Mall, Vancourver, B.C., Canada, V6T 1Z1; Tel. ＋1-604-822-9323; Fax. ＋1-604-822-9317）に直接照会されたい。【現時点でのアクセス情報等については、http://www.icclr.law.ubc.ca から入手されたい。】

（3）　各セッションのテーマ、スピーカーの発言内容と討論内容の概要

三月一九日の午前に行われた第一セッションのテーマは「如何なる価値ないし利益を、我々は促進あるいは保護することが必要か、促進あるいは保護したいのか？」であり、ドイツ刑法学的に表現すれば、環境刑法の法益・目的が議論された。発言者は、発言順に記せば（以下の各セッションについても同様）、ブラジルの学者肌の若い検察官、オレゴン州環境保護局のディレクター、日本の研究者（筆者）、ケニアのソリシター・ジェネラル、オレゴン州パシフィック・サーモン・コミッション（カスケード・ロック）のコミッショナーであった。

ブラジルの検察官が、開発途上国における環境保護の困難性、問題の特殊性やサステイナブル・ディヴェロップメントの必要性を強調しつつも、環境刑法におけるアンソロポセントリックな視座からの離脱ということを主張し、

また、筆者が、人の生命・健康・財産等の保護を目的とする既存の刑法の活用を前提としつつ、エコセントリックな真に国際的な環境刑法への転換の必要性を強調したのに対し、ケニアのソリシター・ジェネラルは、聖書の創世記の記述等を援用しつつ、自然は資源として人間の為に存在するのであって環境それ自体の保護ということには賛成し難い、人間の生存が保障されない限り環境保護を論じても無意味であると主張し、予想通り、見解は分かれた。しかし、フロアーとの質疑応答の中でも、エコセントリックな環境刑法の為の新たな視座の確立・理論構成の必要性を巡るやり取りはあったものの、それを否定する発言はなく、参加者全体の意向としては、少なくとも、エコセントリックかつ国際的な刑法への志向という点において方向付けが為されたように思われる。(16)

なお、他のスピーカーの発言は、パネル・チェアの調整が不十分で本来のテーマからは若干外れたものであったが、インディアン部族の立場から発言したパシフィック・サーモン・コミッション・コミッショナーの主張は大きな共感を呼ぶものであった。即ち、インディアンにとっての自然は永々としてそこに人間と共に在るものであり、そのようなものとして教え、搾取を禁じ、守ろうとしてきたものであって、専門家にさえ全貌の把握の困難な現在の環境保護法制はインディアンにとっては別世界である。もっと素朴で易しい議論と法律が必要なのではないか、というのが、その主張であった。

三月一九日午後に行われた第二セッションのテーマは「その目標を達成することにおける刑事制裁の使用の実効性と限界は何か?」であり、発言者は、オランダの比較・国際環境法を専攻する研究者、アメリカの犯罪社会学を専攻する研究者、アメリカ連邦環境保護局のリージョナル・クリミナル・エンフォースメント・カウンセルである検事、元アメリカ連邦司法省環境犯罪担当検事であった現弁護士の四名であった。

オランダの研究者の発言は、「法と経済学」的な手法を用いた環境犯罪取締へのアプローチの分析の提示であり、刑罰効果の最大化・最適化の条件を一般抽象的に述べたもの、その限度での刑法の使用を主張したものであって、特段の反応は呼ばなかった。刑法を未だ機会形成手段（opportunity-shaping method）と捉える古典的な立場に立ち、近時の選好形成手段（preference-shaping method）という観点から捉え直そうとする動きも視野に含まれていなかった。アメリカの犯罪社会学研究者の発言は、環境犯罪の取締に関する統計的な資料を用いた客観的・事実的なプレゼンテイションであったが、筆者にはその明確な根拠を摑みかねたものの、全体的なトーンとしては刑事制裁使用の効果に懐疑的な立場を漂わせていたように思われる。この発言に対しても、特段の反応は見られなかった。

以上に対して、第三・第四の発言は、特殊アメリカ的なものともいえるが、後のフロアーからの活発な反応を惹き起こす極めて明確な対立を示した。即ち、環境犯罪を専門に管轄する現役の検事であり、且つ、全米でも有数の環境犯罪の訴追を行ってきたスペシャリストとされる第三の報告者は、環境事犯に対する刑事制裁の使用は威嚇力、社会的関心の惹起とそれに伴われる諸効果(publicity)、応報のいずれにおいても極めて優れたものであり、デメリットは少ないと明確に主張して、謂わば徹底的な刑事制裁の積極使用を支持し、これに対して、かつて同じような立場にあった第四の報告者は、アメリカにおける環境犯罪訴追の為のシステムの暫時的な展開・一九八二年頃からの漸くの本格化という歴史を紹介した上で、被訴追者を弁護する者としての現在の観点からすれば、質的・量的に一定のラインを超えると刑事制裁の威嚇力は失われると主張して、刑事制裁の謙抑的使用を支持した。会議参加者は、特にアメリカからの参加者を中心に、市民訴訟等の環境保護活動に積極的に関与し、刑事訴追状況に不満を感じる人、刑事訴追を環境保護交渉の為の一つのバーゲイン材料とする可能性を追求する人等々が多かった為であろうか、第三の発言者の正にパワフルな主張は大歓迎を受けたが、それは限界を熟知する者達の願望ともいうべきものの表出であったと理解すべきであろう。第三の発言者に対して、刑事制裁の機能のいずれに主眼を置くべきかという質問が改めて為され、威嚇であろう、否、威嚇のみが目的であるという回答が為されたが、全体の意向としても、環境破壊を事前予防する為に刑事制裁が使用されるべきであるという限度での黙示的了解は、ニュアンスに相違はあるにせよ、成立したように思われる。

第三セッションは、「トランス・ナショナルなレヴェルでの環境保護における刑事制裁の使用の実効性と限界」をテーマに、三月二〇日午前に行われた。発言者は、アメリカの急進的環境保護団体の構成員である刑事法研究者、クウェイトの生化学の研究者、国際（環境）法・域外管轄権を専攻すると同時に学生の環境犯罪告発ティームを指導するアメリカの研究者、ドイツ連邦司法省ミニストリアル・アドヴァイザーの四名であった。

前二者は、いわゆる環境テロリズムについての発言であり、恐らく、第一の発言者には、急進派ないし過激派環境保護団体の実力行使・自力救済を含む諸活動が環境テロリズムと呼ばれることのあることにも鑑みて、（刑）法の限界を如何に克服するか、その手段には如何なるものがあるか等を論じることが期待されていたと思われるが、それは「下からのテロリズム」であって国家によるものとは区別される、環境テロリズムと呼ばれようが構わない、という突き放した発言があったに止まった。フロアーからの反応もありようがなかったが、第一の発言自体が第二の発言をプログラムに取り込む為に挿入されたもののようにも思われ、むしろ気の毒な感じであった。第二の発言は、予想通り、湾岸戦争におけるイラクのクウェイトに対する「国家による環境テロリズム」に関するものであったが、発言者が生化学の専門家であったこともあり、ポリティカルな発言も法的な主張も殆ど含まない、スライドを使用したヴィジュアルなプレゼンテイションであった。逆に、本会議でこのようなプレゼンテイションをさせることの意味は、必ずしも明らかではなかった。法の限界の感性に訴えるデモンストレイションとして受けとめるべきであったのであろうか？

第三の発言者は、第二の発言・プレゼンテイションを見る内に準備してきたことよりも言いたいことが出てきたと断った上で、環境犯罪の捉え方には文化的な背景の影響があり、従って、国際的レヴェルでの刑事制裁の使用は、環境犯罪の威嚇による予防というよりも、共通の規範的価値の形成・植え付けを目的とすべきではないか、その為には国際的なブラック・リスティング等の手法が効果的ではないか等と、極めて能弁に主張した。全体の反応も極めて肯定的であったが、主張内容自体に対するものであったのかは必ずしも明らかではない。

第四発言者は、ヨーロッパ評議会における環境刑法の展開を詳細にレポートした。条約や規則等の名称が延々と続くボソボソしたモノトーンなレポートであった上に、質疑段階でヨーロッパ評議会関係者からの修正・訂正説明ともいうべき長い発言等もあり、何を主張したのかは（少なくとも筆者には）皆目分からないこととなった。要は、罪刑法定主義の要請を顧慮しつつ、それ自体において犯罪と目すべき重大な環境破壊行為の犯罪リスト化と環境保護の為の行政規制違反行為の犯罪リスト化という二段階のレヴェルで条約案が練られているということのようであった。反応も、そのヨーロッパ評議会関係者からの否定的なものを除けば、全くなかった。

結局、この第三セッションは、ワーキンググループ作業の前提としての全体的意向の確認・形成という機能を殆ど果たせず、第四発言に関して述べたような混乱状況は、そのまま第一ワーキンググループの作業に持ち込まれたようである。

三月二〇日の午後には第四セッション「如何なる違法行為が各ジュリスディクションの刑事立法において阻止されるべきか？」が行われたが、このセッションでは、コスタリカの環境保護団体関係者、アメリカ連邦司法省の環境・自然資源担当デピュティー・アシスタント・アトーニー・ジェネラル、積極的な環境市民訴訟活動を行っているオレゴン大学の環境法研究者、ドイツの環境刑法研究者の四名を発言者とするパネルに加え、新たな立法課題の一つである環境犯罪の私人訴追の問題について、これを既に実現しているカナダの司法省シニア・カウンセラーと現在俎上に乗りつつあるアメリカの元連邦司法省環境・自然資源担当アシスタント・アトーニー・ジェネラルで現弁護士との間でのディベイト「一般市民は環境犯罪の訴追を開始し、訴訟を遂行する権利を有すべきである」も行われた。

コスタリカの環境保護団体関係者による第一発言は、本来は小さな国家や発展途上国における環境刑事立法のあり方についての提言を期待されていたものと思われるが、現実には、森林保護を例に中南米における環境保護一般の為の手法を検討するという観点から、環境保護の産業化・資源化（森林伐採・木材輸出と植林活動）により持続的発展が可能になるということを主張したものであって、セッション・テーマとはミスマッチであった。第二発言も、環境法のエンフォースメントに際して刑事手続に行くか否かの裁量の規準等についてのものであって、興味深いものではあったが、テーマとは巧く結び付いていなかった。

第三発言は、発言者自らの環境市民訴訟の経験に基づく提案であって、極めて有益なものであった。即ち、先ず、環境法のエンフォースメントの現状から考える場合には、立法府と行政府との協力関係ということや行政府の積極性ということを前提とするような制度を考えるべきではなく、市民訴訟で民事罰金、クリーンアップ費用、公益的基金の創設や既存の基金への寄付、弁護士費用の負担等の極めて多額たり得る民事制裁を追及させる制度が一番であるし、被告がプライヴェイトセクターである場合には、これらをバーゲイン手段とすることによる一層実効的な環境保護も可能となる。訴訟費用は高額なものになるので、市民訴訟は勝てる見込みのある場合にのみ提起されるのが通常であり、いい加減な訴訟の提起に対しては裁判所によるペナルティーも科され得る、という濫用の恐れに対するセイフガードも内蔵されている。これに対して、政府・パブリックセクターを被告とする場合には、経験上、市民訴訟は巧く機能しない。そこで、政府・機関としての公務員等による環境破壊行為に対する刑事罰使用の可能性が開かれるべきである、というのが、その主張であった。国家機関による環境事犯に対する刑事訴追の可能性というのは周知の問題点であり、市民訴訟の制度を持たない国からの参加者にとっても示唆に富む発言で、反応も好意的なものであったといい得るであろう。

第四発言は、ドイツの刑法学者によるもので、組織体の刑事責任という問題の処理に焦点を当てたものであった。世界各国の制度を類型化して紹介しつつ、組織体の刑事責任追及の為に個人責任から集団責任（collective liability）への視座の変更が世界的に生じているとし、その必要性を肯定しながらも、個人責任原理の可能な限りの尊重を説き、結論的には、個人刑法と組織体刑法とを全く別個の原理に基づく別個の法型式・法領域として分離することを主張するものであった。組織体刑法には、解散命令や閉鎖命令、取締役等の交代命令等の新たな組織体適合的制裁を含めるべきことも言及された。ドイツ刑法ドグマとの関連で現状を打破する為とはいえ、他国でこのような主張がどの程度受け入れられるかは定かではないが、少なくとも、世界各国の制度の類型的紹介は参加者の興味を惹いたようである。ただし、日本の両罰規定の解釈は正確性を欠いていた。

ディベイト「一般市民は環境犯罪の訴追を開始し、訴訟を遂行する権利を有するべきである」は、興味深い問題を巡るものであり、実践性を帯び得るものでもあったのではあるが、時間の関係もあって、余り煮詰まったものとなることは当初から期待されていないという暗黙の全体的了解が存したともいい得よう。上の命題を肯定する側には、勿論、カナダ司法省のシニア・カウンセラーが回ったが、自国の他にニュージーランド、オーストラリア（の一部の州）、英国で実施されていて、特に問題がなく、エンフォースメントの実効性の向上に著しい効果を有し得ること等を指摘したのみであった。これに対し、元合衆国連邦司法省環境・自然資源担当アシスタント・アトーニー・ジェネラルで現弁護士による否定論は、複雑・広範なコンテクストを有する環境関係規制の中で、十分な規制内容を知っているとは期待し得ない私人により行われる刑事訴追が果たして正義をもたらし得るものであろうか、という疑問から出発し、政治化の危険、濫用の危険等を詳細に説くものであった。合衆国での実態を前提にするものではあったが、環境犯の多くは一般故意（general intent）で足りるとされている為、違反行為の九割余りが訴追しようと思えば訴追可能であり、そこでは選別（起訴裁量）における高度の熟練性が必要であるという主張、企業にとっては起訴されること自体が極めて大きなダメッジとなり得る為、謂わばゲリラ戦法として使われる可能性を考慮する必要があるという主張等は、自らも感情論的な濫用の危険の主張からは一線を画するというだけあって、傾聴すべき点を含んでいたように思われる。

三月二一日午前の前半に行われた第五セッション「コンプライアンスとエンフォースメントの諸問題」は、二つのサブ・セッション、即ち、サブ・セッションA「環境に関する民事または刑事条約は、地域ベースで如何に執行され得るか——NAFTAおよびヨーロッパ評議会の事例に引き付けて——」と、サブ・セッションB「コンプライアンスの促進と伝統的エンフォースメント対代替的メカニズム——それらはどの程度効果的なのか？」から構成され、高度の実践的意義を有するはずのものであったが、率直に述べれば、チェアマンの不手際が主原因で、悲惨な内容のものとなってしまった。

サブ・セッションAの第一発言者は、アメリカの国際法学者であったが、内容は、聴衆が誰であるかを間違えたのではないかと疑う程の初歩的条約論であった。第二発言者はカナダの弁護士で、ＮＡＦＴＡの付随合意の枠組みを簡潔に紹介するようチェアから依頼されたようであるが、時間的にみても、私を含む非当事国からの参加者でも既知の程度の内容しか触れられないのは当然であり、協定当事国の環境法の国内執行の相互監視と協議による執行改善という枠組みの中で、ただただカナダ側が多くのＮＧＯを持つ合衆国側からの圧力を恐れているという印象のみが残ってしまったのが残念であった。第三発言者は、もう一つのＮＡＦＴＡ当事国であるメキシコの刑事法学者であり、内容もＮＡＦＴＡに関連してはいたが、既配布の長文のスペイン語ペーパーを読み上げ、それを同伴者に逐語訳させた為、異常に冗長なものとなってしまい、後の進行予定に支障をきたしたと同時に、相当数の参加者が席を立つという事態になった。ナイジェリアの研究者による第四発言も、その余波を受けて落ち着かない雰囲気の中で行われることとなったのは、気の毒であった。サブ・セッションＡの惨状は、テーマとして触れられていたにも拘らず機会を与えられなかった為であろうか、ヨーロッパ評議会関係者が第四発言後の質疑応答時間に延々と発言を続けるという事態に立ち至って、決定的なものとなった。

サブ・セッションＢは、カナダ西海岸地域の環境保護団体と関係する弁護士による執行活動へのＮＧＯの関与のメリット、特に、私人訴追の有効性に関する第一発言で始まったが、これについては既に記すべき事項はないように思われる。第二発言は、休憩時間中にチェア等との交渉が成立したのか、予定されていなかったヨーロッパ評議会関係者による報告が行われたが、時間の関係で省略するという箇所が余りに多く、何を言おうとするのか理解し難いものとなった。第三発言は、カナダ留学中の中国実務家によるものであったが、これも、刑事法を含む中国環境保護法制の歴史的展開を概説しつつ、現在でも法律は存在するが施行・執行は欠如しているということを妙に強調するもので、発言者の意図は必ずしも明らかではなかった。恐らく、環境意識の教育による高揚の必要性を言いたかったものであろうと思われる。サブ・セッションBの中で、筆者にとって唯一面白かったのは、輸入禁止物件である象牙と輸入可能物件であるマンモス象その他の動物の牙や角との瞬時判別を可能とするシステム等を開発し、合衆国における環境刑法の執行を技術的側面からサポートしている連邦野生保護局鑑識研究所によるスライド・プレゼンテイションの第四発言であった。更に、サブ・セッションBの質疑応答では、それと知らずに発言を許可した後のチェアの表情も印象的であったが、台湾からの参加者が、中国からの第三発言を明確に意識しつつ、国連加盟を認められていない自国の立場を環境保護の観点から訴えるというハプニングもあった。筆者にとっては、国際社会中で孤立しがちな幾つかの国家を環境保護との関係で如何に考えていくか、という見落としがちな問題点を教えられるもので、このときばかりはセッション・チェアの不手際が有り難く感じられた。

三月二一日午前の後半に行われた第六セッション「環境監査（environmental auditing）と刑事訴追を巡るパネルディスカッション」は、合衆国・カナダのみならず、近時にはヨーロッパ共同体等においても制度的に実施され始め、我国においても早晩導入されるであろう環境監査の促進と、監査過程で収集・蓄積された情報の刑事訴追での証拠としての使用を認める場合に生じる環境監査実施へのディスインセンティヴとを如何に調和させるか、という問題を扱うものであり、合衆国におけるパイオニア的立法を行った既述のオレゴン州上院草案９１２号・オレゴン州環境犯罪法の当否を含め、白熱した議論が展開された。第五セッションの遅延による時間的制約にも拘らず、学ぶところが極めて多かったというのは私のみの印象ではなかったようである。

第一発言は、環境監査会社のスペシャリストによる監査の実際とメリットの説明であった。実際についての説明の紹介は省略するが、九二年に六二九〇万ドルの刑事罰金と七八七〇万ドルの民事金銭罰を科されたアメリカ産業界にとって、監査がこれらのコスト削減の為の有効な手段であり、実施への強いインセンティヴが働くのみならず、規制との適合性の独立の第三者機関による確認、製造工程等の欠陥やシステム的問題件の特定、自己評価への増大されたインセンティヴの発生、環境ビジネス上の機会の的確な把握等を通じて継続的な改善も図られるという発言は強い説得力をもっていた。発言冒頭に、非法律家であるので評価的意見は差し控えると留保しつつ、監査により収集・蓄積された情報の刑事訴訟上の特別の取扱の類型として、無過失（due diligence）の抗弁の証明資料として認める構成やオレゴン州環境犯罪法におけるような一定の場合を除く証拠としての使用禁止という構成に言及していたのも、無制限の開示と使用とを許す場合のディスインセンティヴに対する懸念を示唆するものであったように思われる。

第二の発言者は、合衆国連邦司法省デピュティー・アシスタント・アトーニー・ジェネラル（環境・自然資源担当）であり、刑事訴訟における監査資料等の取扱に関する連邦政府のポリシーが説明された。即ち、九一年七月に出された司法省令では、監査を実施している者が自らの違反を認めて是正するというときであっても、監査資料だからといって必ずしも証拠として使用しないという方針を採らないことになっている、とのことであった。これは、九〇年の大気汚染防止法（ＣＡＡ）改正に際して、検察官裁量における必要的考慮を定めようとした監査条項の導入失敗の結果として生じたもので、監査資料に対する特典的取扱を認めた場合に生じる現実的な諸問題、例えば、「監査」とされ得るのは如何なる態様のものか、行われていた監査が特典を受け得るような「監査」であったか否か、というようなテクニカルな争点が可能となることによる訴訟の複雑化、訴訟の大幅な遅延、従って、違反是正の遅延等を考慮したものであるとのことであった。

第三発言は、環境犯罪を専門に管轄し、全米でも有数の訴追数を誇る現役検事によるものであり、監査資料に対する如何なる特典的取扱も不必要なだけでなく不当である、という厳しい主張内容であった。規制等への適合化のインセンティヴは違反に対して科される制裁等のコストの回避という企業活動内在的なものであり、監査がそのインセンティヴを増大させているとは考えられないだけではなく、監査実態も単なるペーパー・ワークということが多いのであって、「監査資料」というラバー・スタンプを押しさえすれば特典的取扱が受けられるとすると、その抜け穴は極めて大きなものになる、また、監査を実施できる大企業のみが特典的取扱を受けるという不平等が生じる等々の論拠は、経験に裏打ちされたものだけに、特に実践活動を行っている法律実務家を中心とする参加者に対しては相当の説得力を有していたように思われる。質疑応答の中では、参加者から、監査資料の特典的取扱は取締役等の企業組織機関の関与を書面上辿る途を遮断するという問題点があることも指摘された。

第四発言者は、オレゴン州環境犯罪法の立法に深く関与した同州環境保護局の環境保護派若手弁護士であった。自ら冗談半分に、パイオニア的立法を成し遂げたという自負心は（謂わば同志による上述の第三発言とそれに対する参加者の反応によって象徴される）出来上がった法律に対する評価の余りの厳しさによって打ち砕かれ、ここでは当初の案が如何に骨抜きになっていったかを事実的に説明する他はない、という趣旨の前置きをしての発言であったが、監査資料の取扱を決めるに際して考慮すべきファクター、企業側ロビーとの交渉・政治的判断の難しさ等を正直に述べたのが印象的であった。発言後に盛大な拍手がおくられたことはいうまでもない。

第六セッションの内容は、このように充実したものではあったが、それは同時に、環境監査によって収集・蓄積された情報資料の刑事手続上での取扱という問題の解決に関しては、現時点ではなお一定の方向性を認めることが困難であるということをも認識させた、といい得よう。

(16) なお、最終報告書は各セッションにおける発言の要約や全体的意向の観察等をも含むが、本節に述べた筆者の個人的要約・観察と相当ニュアンスを異にする箇所が多数あることを、念の為、お断りしておく。国際会議の報告書の取り纏めにつきものの、ドラフトの版が進むに連れて表現の漠然化・見解の折衷化・コンテクスチュアルな意味の変更等が生じるという現象を、最終報告書も免れなかったということであろうか。

(4) 各ワーキンググループの作業状況と全体会議による勧告案の審議

三月二一日午後、二二日全日、そして、二三日午前の計二日間は、それまでの全体会議による六つのセッションでの議論を踏まえて、三つのワーキンググループに分かれての既述の諸勧告案の起草を目的とした作業が行われた。筆者は、第二ワーキンググループに参加して、国内模範環境刑法典の作成に携わったが、いずれのワーキンググループにおけるにせよ、それぞれに課された作業を二日間で実行しようというのは至難の業であり、作業効率を上げる為に提出されていた素案的資料(叩き台)も殆ど役にたたないということが判明したこともあって、作業の進め方の決定が先ずは作業の第一段階ということになった。

第二ワーキンググループに関していえば、準備グループからの素案的資料が役に立たないとされた主な理由は、それがアングロ・アメリカ法系の法典形態・起草技術、例えば、実体法規定と手続法規定が混在し、実体法規定もいうならば刑事刑法規定と行政刑法規定とを無差別に含み、また、多数の定義規定と大陸法系から見ると馴染みのない抗弁規定が存在するというような形態・技術を採っていた為であった。勿論、刑罰の機能を威嚇を中心に捉えるのか否か等に関する理念的相違も存在していたし、更には、イスラム法系諸国からすればおよそ互換不可能な法観念・概念の存在というような全く別個の次元の問題もあった。そこで、第二ワーキンググループのチェアであったポートランドの若手弁護士の採った手法は、二一日午後を費やして、素案的資料の何処が各参加者のバックグラウンドから見て問題であるのか、如何にしたらその問題を回避し得ると考えるか、更に付加すべき論点・条項は何か等々を、グループ参加者全員が先ず自由に具体的な代替案を含めて述べ、見解の一致点と相違点を抽出するということであった。この行き方は、グループ参加者が若手・中堅中心の優れたエキスパート達であって若干の知識を与えられれば各国の法事情や各人の見解の要点をも素早く把握し得たこともあり、結局は、成立し得べき模範法典の輪郭が、内容をも含めて、比較的早期に浮かび上がって来るという効果をもつこととなった。その結果、見解の一致した諸点、例えば、行政法規や規制内容に依存しない独立の基本的環境犯罪 (generic crimes) の定立が必要であるという点については、二二日以降にグループ参加者全員の会議で具体的に条文内容を煮つめて行くこととされ、見解の相違のある諸点、例えば、目的規定の要否・内容、模範法典の国内施行の為の法形式の指定の当否・要否・内容、組織体刑事責任規定の可否・内容、国家機関刑事責任の可否・内容、制裁の多様化の可能性、私人訴追の可否等々については、各法系からの参加者最低一名を含む小グループを構成して、二二日朝までに具体的なドラフトを作成し、これを全員で検討していくこととされた。なお、ドラフティングの姿勢としても、各国における政治的・理論的状況判断に基づく具体的な立法可能性に余り拘泥せず、謂わば野心的な模範法典を作ろうということが確認され、その勢いを駆ってといっては表現が悪いが、小グループでの夜間作業に加え、二二日、二三日のグループ作業は朝八時から開始することも決定された。

二二日、二三日のグループ作業の内容は、見解の一致の確認された諸点については、チェアあるいは参加者の誰かが具体的な条文案を口述しているのをその場で直ちにパソコンに入力し、プリントアウトしては推敲を重ね、小グループから提出された見解の相違した諸点についてのドラフトも、それ自体を取り上げる以前から、時間に空きが生じれば並行的に推敲を重ねる、更に、いずれの点についても途中で新たな問題が生じた場合には、その場で小グループを構成してドラフティングを行う、という方法が採られた為、ここで紹介することはとても不可能である。恐らく典型的なアメリカンスタイルの作業パターンで、筆者には極めてスリリングであったが、そのパワフルさ、プレゼンテイションの巧みさ、頭の切り換えの速さに圧倒され、リズムに乗り切れなかった一部のグループ参加者にはやや気の毒であったかもしれない。

完成した模範法典の内容については、後掲の仮訳の参照に委ねるが、第二ワーキンググループ参加者の間ではほぼ完全な合意ないし了解の成立をみたものであり、全体会議での承認に際しても、一つの誤解に基づく修正要求が他のワーキンググループ参加者から出されたのみであったことを付言しておきたい。

第一および第三ワーキンググループでの作業は、それぞれのワーキンググループへの参加者からの作業途中あるいは終了後の話に拠れば、第二ワーキンググループでのそれに比較して、相当に困難を極めた、というよりは、頗るダルなものであったようである。両ワーキンググループに与えられた課題は、いずれも国際的・地域的関係を有するもので、その意味で既に内在的な困難性の存するものであった上に、両ワーキンググループのチェアが、予定していた議事進行計画や自説を押し通そうとしたり、あるいは、事前準備や議事進行能力において不十分で抽象論の壁を乗り越えることが出来なかったというのが、その原因であったようである(ちなみに、一方のチェアは全体会議セッション五のチェアでもあった)。これらの結果は、両ワーキンググループからの勧告の全体会議における審議にそのまま反映していたように思われる。

第一ワーキンググループの作成し、全体会議に提出した勧告案は、事後的に判明した限りでも、少なくとも三点について、グループ参加者間の激しい対立を含んだままのものであった。強い少数意見が在ることについては何のコメントもないまま勧告案として提示されたこと自体、本会議の性格からしても異質に感じられたが、少数意見が全体会議で再主張され、それを巡って議論が為されても決着が着かず、最終的には、挙手による多数決という方法で決され、勧告案が修正されたというのも、結論は別として、筆者には何かしっくり来ず、残念でもあった。

対立した三点とは、後掲の勧告仮訳でいえば、既存条約等に従い、①II・4・i等に出てくる環境破壊行為の属性を、「広範な、長期的な、且つ（and）甚大な」とする（勧告案）か、緩和して「広範な、長期的な、あるいは（or）甚大な」とするかという点、②同様の箇所に関して、環境破壊行為の客体を「大気、土壌、自然の水体」に限る（勧告案）か、これらに加えて「大気圏外空間（outer space）」を含めるかという点、そして、③II・4・iv・bの放射性物質や特定有害物質を「高度に（highly）放射性ある、あるいは、その他の特定された同様に（similarly）有害な物質」に限る（勧告案）か否か、という点であった。①については、正確な数値は告げられなかったが、参加者の三分の二を超える大多数ということで、②については一七対八で、③については一九対八で、いずれも勧告案に修正が加えられることとなった。勧告案自体が、第一ワーキンググループの多数意見を体現していたのであろうか、というのが正直な印象である。その他、第一グループからの勧告案に対しては、文章表現の問題ではあったが、二箇所ほど大きな修正が加えられたことも付言しておく。しかし、見失われてならないのは、これらの修正によって為されたのは、既に進歩的な勧告案の一層の前進であったということである。

これに対して、第三ワーキンググループの勧告案は、殆ど議論もないまま承認されてしまった。しかし、それは、異論がなかったというよりは、異論を投じるだけの具体的・刺激的提案を勧告案が含んでいなかった、ワーキンググループの議論が従前の域を脱し得なかったということの証左であるように思われる。

これらの勧告案の修正・承認が最終報告書に纏められた過程については、上述のところを参照されたい。以下、最終報告書に拠りつつ、三つの勧告を訳出しておく。

(5) 勧告：報告書E～G（仮訳）

〔訳出に際しては、読み易くする為、各条文の本文と列挙事項との順番等に若干の変更を加えた箇所がある他、スペースの取り方等も実質的な影響がない限度で変更してある。また、原語を示す場合と筆者が参考までに語句の挿入を行った場合等は、丸括弧（ ）で示してある。〕

「E 環境に対するトランスナショナルな罪に関する条約の可能的諸条件についての勧告

ワーキンググループ1の勧告案に基づき、全体会議は以下の勧告を採択した。

I 国内レヴェル

1 一部はある国の領土内において、一部はその領土外において犯された環境に対する罪は、関係国のいずれかの裁判権に服せしめられるべきである（遍在原理（the principle of ubiquity）の適用）。

2 裁判権は、以下の状況において犯された犯罪について、成立せしめられるべきである。

i その犯罪が、ある国の領土内において犯された場合、

ii その犯罪が、当該国の領土内において登録され、または、当該国の国旗を掲げる船舶または航空機上において犯された場合、および、

iii　その犯罪が領土外において犯された場合でも、以下の状況下においては、裁判権の拡張が考慮されるべきである。

a　犯罪者が当該国の国民である場合、

b　犯罪の被害者が当該国の国民である場合、

c　犯罪の影響が当該国に及ぶ場合、

d　犯罪の被疑者が当該国の領土内に現在し、且つ、当該国がその者を引き渡さない場合。

II　**国際レヴェル**

1　犯罪の訴追における国際協力上の承認された(例えば、引渡、共助、手続移送に関する)諸協定が活用されるべきである(例えば、利得の剝奪)。

2　環境に対する重大な犯罪は、引渡可能な(extraditable)犯罪として承認されるべきである。

3　第八回国連犯罪予防および犯罪者処遇会議の決議に従い、(少なくとも地域レヴェルにおける)立法の調和が奨励されるべきである。

4　環境の国際的保護という目的を達成する為、刑事制裁の科され得る少なくとも以下のような犯罪を包含する国際的最低基準その他の国際的協定を創設する努力が支持されるべきである。

i　大気、土壌、自然の水体または大気圏外空間(outer space)に対する広範な、長期的な、あるいは甚大な(severe)汚染、または、重要な生態学的価値を有する他の個別的な環境構成要素に対する損害の意図的な惹起、

ii　大気、土壌、自然の水体または大気圏外空間への、それらを甚だしく汚染する可能性の高く、あるいは、人、動物または植物に対する甚大な損害を惹起する可能性の高い物質の意図的な無権限の(unauthorized)放

出、

iii　国際的な準則または規制、国内的な禁止に反した、あるいは、必要な許可を得ずになされた有害廃棄物の意図的な処分、輸出、または輸入、

iv　国際的な準則または規制、国内的な禁止に反した、あるいは、必要な許可を得ずになされた意図的な、

a　有害施設の操業、または、

b　特定の放射性物質、または、その他特定の有害化学物質あるいは特定の生物物質の取扱、輸出、または輸入であって、大気、土壌、自然の水体または大気圏外空間を甚だしく汚染する可能性の高く、あるいは、人、動物または植物に対する甚大な損害を惹起する可能性の高いもの。

5　更に、そのようなガイドラインまたは協定は、上記のような環境犯罪との関係において、以下の事項の包含により補完され得る。

i　I・2に基づく裁判権に関する条項、および、

ii　a　法人格としての企業に対する刑事制裁その他の手段の使用を許す法人組織体責任に関する条項、

b　刑事、行政、または民事手続において、環境の（原状）回復、および／または、損害の塡補を命じること、ならびに、犯罪の用に供された物件および利得を剝奪する(confiscate)ことの可能性についての条項。

6　上述のところにおける用語または表現は、以下の意味を有する。

〃水体〃とは、地下水、湖沼、河川、その他海洋を含む地表水をいう。

〃大気〃は、大気圏各層を含む。

〝無権限の〟とは、国際的な協定（二国間のものであると多国間のものであるとを問わない）、国内法または規制、あるいは、許可その他の授権の承認された諸形式の違反を含む。

〝必要な許可〟とは、国内的または国際的組織により発行された許可を含む。

7 i　各国は、人類の平和および安全に対する罪に関する草案法典第二六条（Article 26 of the Draft Code of Crimes against the Peace and Security of Mankind）中の環境に対する罪の概念、および、国家責任に関する草案条文第一九条（Article of 19 of the draft articles of State Responsibility）中の国際犯罪および不法行為の概念の洗練に貢献するように奨励される。

ii　環境に対する重大な犯罪が条約中において国際犯罪として承認される場合には、国際刑事裁判所に関する草案条文（the Draft Statute for an International Criminal Court）第二二条所掲の犯罪のリストへのその包含が考慮されるべきである。

8　環境に対する罪の訴追に関しては、各国間および国連や地域組織のような国際組織の援助による国際技術協力が支持されるべきであり、それには、専門家登録簿（roster of experts）の設置や実務家の為の基準設定マニュアルの開発、実務家間の経験的知識の交換等が含まれ得る。

勧告についての注釈

議論の用に供されたのは、以下の各種文書である。

ワーキンググループ1のバックグラウンド・ドキュメント。これは質問の概要説明により補完された。

環境の保護における刑法の役割に関する国連経済社会理事会決議一九九三／二八。資料を含む。

国際刑事裁判所に関する草案条文。

国連国際法委員会の人類の平和および安全に対する罪に関する草案法典第二六条(同条に対する注釈および各国政府等のコメントを含む)。

ヨーロッパ評議会閣僚委員会決議(七七)二八、およびヨーロッパ司法大臣会議決議第一号(イスタンブール一九九〇年)。

諸国際条約中の刑事関連条項の抜粋集。

本提案は最小限を定めるものであって、各国が(例えば、処罰される犯罪の軽率な(reckless)行為、あるいは更に過失行為までの拡張による)より厳格な対策を講じることは自由である、ということが合意された。

人類の平和および安全に対する罪に関する草案法典第二六条の構想に基づいたII・4・i節については、相当な議論があった。しかしながら、同条が〝広範な、長期的な、且つ、甚大な〟汚染という各要素の証明を要求することになるのに対し、本会議の多数意見は〝且つ〟という連言的接続詞の使用を実現不可能な負担を課するものであると考え、〝あるいは〟という選言的接続詞が選択された。

同様に、提唱される保護が〝大気圏外空間〟にまで及ぶべきか否かについても、相当な議論があった。多数意見は、これを肯定した。少数意見は、いずれの修正に対しても反対した。

F　環境事犯に関する模範国内刑罰規定案

ワーキンググループ2が、この課題を取り扱った。同ワーキンググループは、目的および目的達成の為の戦略、更には、インプルメンテイションの態様については広範な合意が達成され、議論は、環境の保護の為の特別な刑罰規定に包含されるべき主要な犯罪の内実規定、企業・政府および地方自治体等の組織体の刑事責任、適切な制裁のメカニズム、および、NGOの刑事司法過程への関与等の諸問題に集中した旨、報告している。

当初は、参加者によって代表されている三つの主要な法体系、即ち、アングロ・アメリカ法系、大陸法系、イスラム法系の間に、そして、これら各法系内部においてさえ、乗り越え難い見解の相違が存するように思われた。グループ全体における合意が不可能であった問題点は、各法系からの参加者から成るより小さなワーキンググループにおいて検討された。そして、これらサブ・グループにおける論争と議論を通じて、驚くべき程の多くの合意が形成された。同ワーキンググループからの勧告に基づき、全体会議は以下の環境に対する罪に関する模範国内刑法典を採択した。合意は達成され得なかったが参加者の有力な少数意見を示す必要性の承認された場合には、規定文言は角括弧（[　]）に入れられた語句を含んでいる。ある場合には、具体的に言えば、刑事司法過程への一般市民の関与の問題の場合には、該当規定全体が角括弧付きとされている。

全体会議は、以下の環境に対する罪に関する模範法典と、必要と看做された場合の注釈とを採択した。

環境に対する罪

本草案は幾つかの角括弧入りの規定を含んでいる。これら角括弧付きの規定はオプショナルなものと考えられて

郵便はがき

1 6 2 - 0 0 4 1

恐れ入ります
が郵便切手を
おはり下さい

（受取人）
東京都新宿区
早稲田鶴巻町五一四番地

株式会社
成 文 堂
企画調査係 行

お名前＿＿＿＿＿＿＿＿（男・女）＿＿＿＿歳

ご住所（〒　　　－　　　）

☎

ご職業・勤務先または学校（学年）名＿＿＿＿＿＿＿＿

お買い求めの書店名

〔読者カード〕

書名〔　　　　　　　　　　　　　　　　　　　　〕

小社の出版物をご購読賜り、誠に有り難うございました。恐れ入りますがご意見を戴ければ幸いでございます。

お買い求めの目的（○をお付け下さい）

1．教科書　　2．研究資料　　3．教養のため　　4．司法試験受験
5．司法書士試験受験　　6．その他（　　　　　　　　　　）

本書についてのご意見・著者への要望等をお聞かせ下さい

〔図書目録進呈＝要・否〕

今後小社から刊行を望まれる著者・テーマ等をお寄せ下さい

いる。

(a) 独立基本犯 (Generic Crimes)

1(a) 法令ないし規制上の義務に反すると否とを問わず、故意に(knowingly)、軽率に(recklessly)[dolus eventualis] または過失により、国内であると国外である(local or regional)とを問わず、環境に対する重大な傷害または損害(serious injury or damage)を発生させ、あるいは、これに寄与した総ての者(every person)、

(b) 法令ないし規制上の義務に反すると否とを問わず、故意に、軽率に[dolus eventualis]または過失により、汚染物質を排出し、放出し、廃棄し、またはその他の方法で解放し(emit, discharge, dispose of or otherwise release)、これにより人の死亡、重大な疾病(serious illness)、または重大な傷害(severe personal injury)を発生させ、あるいは、これに寄与した総ての者、

(c) 法令ないし規制上の義務に反して(in violation of)、故意に、軽率に[dolus eventualis]または過失により、国内であると国外であるとを問わず、環境に対する重大な傷害または損害の実質的な(substantial)危険を発生させ、あるいは、これに寄与した総ての者、

(d) 法令ないし規制上の義務に反して、故意に、軽率に[dolus eventualis]または過失により、汚染物質を排出し、放出し、廃棄し、またはその他の方法で解放し、これにより人の死亡、重大な疾病、または重大な傷害の実質的な危険を発生させ、あるいは、これに寄与した総ての者は、

環境に対する罪を犯したものである。

(b) 従属特別犯 (specific crimes)

2(a) 故意に且つ法令ないし規制上の義務の明示的な無視において(in express disregard of)、または、

（b）　軽率さ［dolus eventualis］ないし過失により且つ法令ないし規制上の義務に反して、

（i）　環境中に汚染物質を解放または放出した総ての者、

（ii）　有害な施設（installation）を操業した総ての者、

（iii）　中毒性、有害性、ないしは危険性のある物品、物質、または廃棄物(toxic, hazardous, or dangerous articles, substance or waste)を輸入、輸出、売買(handle)、運搬、貯蔵、処理、廃棄し、または、態様を問わず、そのような物（materials）の輸入、輸出、国際的移動、売買、運搬、貯蔵、処理、廃棄を促進した総ての者、

（iv）　国内であると国外であるとを問わず、環境に対する重大な傷害または損害を発生させ、あるいは、これに寄与した総ての者、または、

（v）　虚偽の重要な関連情報（false material information）を提出し、提出を要求されている情報を除外ないし秘匿し、または、モニター装置に不当な影響を与えた（tamper）総ての者は、

環境に対する罪を犯したものである。

定義

3　〝環境〟とは、自然環境と自然環境と関係する（associated）文化的環境の両者を意味する。

4　〝者(person)〟とは、自然人個人と、法人化されていると否とを問わず、且つ、政府を含む組織体とを意味する。

法人の責任（Legal entity liability）

5（a）　上記の犯罪は、それらが組織体の活動の過程において犯されたことの証明された場合には、個々の自然人と法人のいずれか一方または両方の刑事責任を基礎付け得る。

（b）　この法人の責任は、（i）当該法人の暇疵あるリスク・マネイジメントが長期にわたって存在し、第1条に

規定された独立基本犯が犯された場合、あるいは、(ii)当該法人による法令または規制条項の違反が存在する場合には、発生する。

(c)　法人の刑事責任は、当該法人の支配人、管理職、代理人、従業員等の個人的責任に加えて問われる。

(d)　法人の刑事責任は、当該法人がその者を通じて活動した、または、行うべきことを行わなかった個人が特定され、訴追され、または、有罪判決を受けたと否とに関わらず、問われる。

(e)　第7条、第8条および第9条に規定される制裁は、自由刑を除き、刑法的に責任があると認定された法人に対して科され得る。

共犯

6　法人格を有する団体、組織体、その他の(法的)存在に対し責任を負う取締役、管理職、支配人その他の権限ある者で、自己の監督下にある者による犯罪の遂行を授権し、許可し、指示し、同意し、これに参加し、追従し、黙認し、または、過失により当該犯罪の遂行を阻止しなかった総ての者も、責任を問われ得る。

(本条は、異なった法的枠組みの下で同様の規定を既に有しているジュリスディクションにおいては、不必要または不適当であり得る。)

自由刑

7(a)(1)　第1条規定の独立基本犯の遂行に対する刑罰は、――年以下[または、終身]の期間の自由刑を含み得る。

(a)(2)　(a)(1)において許された自由刑の期間は、裁判所が以下のいずれかの事情が存在すると認定する場合には、[――]まで加重され得る。

（i）犯罪を構成する行動が故意に為されたこと、
（ii）犯罪を構成する行動が、法令上または規制上の義務の反復的または慣行的な違反の一部であること、
または、
（iii）当該人が、以前、環境に対する罪の有罪判決を受けていること。
(b)(1)第2条(a)規定の従属特別犯の遂行に対する刑罰は、――年以下の期間の自由刑を含み得る。
(b)(2)(b)(1)において許された自由刑の期間は、裁判所が以下の事情のいずれかが存在すると認定する場合には、[――]まで加重され得る。
（i）犯罪を構成する行動が、法令上または規制上の義務の反復的または慣行的な違反の一部であること、
または、
（ii）当該人が、以前、環境に対する罪の有罪判決を受けていること。
［(c)(1)第2条(b)規定の従属特別犯の遂行に対する刑罰は、――年以下の期間の自由刑を含み得る。
(c)(2)(c)(1)において許された自由刑の期間は、裁判所が以下のいずれかの事情が存在すると認定する場合には、[――]まで加重され得る。
（i）犯罪を構成する行動が故意に為されたこと、
（ii）犯罪を構成する行動が、法令上または規制上の義務の反復的または慣行的な違反の一部であること、
または、
（iii）当該人が、以前、環境に対する罪の有罪判決を受けていること。］

金銭的制裁

8(a)　裁判所は、最小限、(1)有罪判決を受けた者によって犯罪の結果として実現されたあらゆる経済的利益を完全に剝奪し、且つ、(2)捜査費用と有罪判決を受けた者によって生ぜしめられた総ての危害の回復の為に要した費用とを完全に、または、部分的に塡補するに足る金銭的制裁を科すものとする。
(b)　裁判所は、犯罪の重大性と有罪判決を受けた者の責任の重さに応じて、一日当たり――以下に犯罪の継続した日数を乗じた罰金その他の制裁も科すことができる。

裁判所の追加的権限

9　ある者が環境に対する罪の有罪判決を受けた場合には、上記第7条および第8条の下で科され得る総ての制裁に加え、裁判所は、犯罪の性質とその遂行を取り巻く諸事情を考慮し、以下の効果のいずれか又は総てを保有するところの命令を為す権限をも有するものとする。
(a)　当該犯罪の継続または反復に帰着し得る行為を行い、または、そのような活動に加わることを当該人に禁止すること、
(b)　当該活動の一時的または永久的終了または中止、当該活動の為に発行された免許の取消、事業の解散または清算、設立許可（the company's charter）の剝奪を命じること、
(c)　善意の第三者の権利の保護の為の条件を付して、犯罪の遂行において用いられた財産および犯罪の遂行から生じた果実を没収すること、
(d)　当該人を政府契約、財政上の特典および補助から排除すること、
(e)　犯罪を構成した作為または不作為から生じる、または生じ得る環境に対する危害を回復または回避する為に相当と裁判所の思慮する行動を当該人に指示すること、

（f）当該状況中において当該人の善行を確保し、当該人が同一の罪を反復すること、または、他の環境に対する罪を犯すことを予防する為に裁判所が相当且つ正義にかなうと思慮する合理的な条件に従うことを当該人に要求すること、

（g）有罪判決に関する事実を裁判所の定める態様において公表するよう当該人に指示すること、

（h）有罪判決に関する事実を、当該人の負担において且つ裁判所の定める態様において、当該人の行動により苦痛を被りまたは影響を受けた総ての者に告知するよう当該人に指示すること、

（i）当該人が組織体である場合、その活動する総ての国の公衆に対し、自己に問われた刑事上の環境責任または制裁、（存在する場合は）その子会社、または、取締役、管理職、支配人ないし従業員を完全に開示するよう当該人に指示すること、および、

（j）合理的な条件下での社会奉仕活動を行うよう当該人に指示すること。

［告訴／訴追権］

［10　いかなる裁判所も、以下に定める者により為された告訴（complaint）に基づく場合を除いては、本法律で定められた犯罪を管轄することはできない。

（a）司法長官、検事総長、または当該犯罪を訴追する権限を有する政府により、その為に授権された官公署、または、

（b）所定の六〇日を下らない（告訴提起）猶予期間、犯罪の嫌疑、および（告訴提起がなければ自ら）告訴する意思についての通告を（a）節所掲の者／公官署に対して為していた者、または主たる目的の一が環境の保護である登録団体。但し、（これらの者の告訴により係属した訴訟の場合、）（a）節に挙げられた者／公官署は、訴訟の如何なる

段階においても訴訟に参加し、訴訟を引き受けし、訴訟を代わって継続し、訴訟を停止し、あるいは、訴訟を取り下げる権利を有する。」

模範法典についての注釈

本ワーキンググループの見解においては、自然環境と文化環境に対する侵害行為には広範な広がりが存在するものの、環境に対する最も重大な侵害行為は犯罪(crime)と看做されなければならない。侵害行為の重大性は、発生した危害と行為者の有責性という尺度により決せられる。危害は、環境と公衆の健康とに対する現実の有害結果とその危険（actual harm and threatened harm）との両者を含む。何故ならば、危害は、環境侵害行為ということとの関連においては、往々にして、容易にあるいは直ちに捉え得るもの、数量化し得るものではないと理解されたからである。

環境に対する罪への刑事制裁の負科によって、幾つかの目的が達成される。第一に、刑事制裁は、禁止された行動の道徳的な悪さについて、公衆を教育する。第二に、刑事制裁は、環境的に無責任な行動を思い止まるように潜在的な犯罪者を威嚇する。最後に、刑事制裁は、環境を著しく劣化させた者に正義にかなった罰を科するのである。拘禁や金銭罰のような伝統的な刑事制裁に加え、環境上の危害を回復する為に利用可能な他の手段と犯罪行為に由来する経済的利益を剝奪する為に利用可能な他の手段との両者を使用するよう、各国は奨励されるべきである。

重大な環境侵害行為は、個人に加えてしばしば組織体によっても犯されるから、環境刑法を組織体に対して執行する為に必要な制定法上の権限を取得し、その為の特別の機構を定立するよう、政府は奨励されるべきである。

本模範法典は、二つの基本的な範疇の環境に対する罪、具体的にいえば、独立基本(generic)犯と従属特別(specific)犯とが存すべきであるというワーキンググループ内での合意を反映している。独立基本犯が制定法ないし行政法や規制と結び付けられていないのに対し、従属特別犯はそのような結び付きを有するものである。

抗弁の問題については、立ち入った検討を行う為には不充分な時間しか存しなかった。

法人の刑事責任に関する勧告は、この問題に関する諸法体系間での基本的な立場の相違を認めるものである。即ち、法人の刑事責任の観念を認めるコモン・ロー法系ジュリスディクションが立場分布の一方の端にあり、大陸法系国家が他の端に存するが、フランスと日本とを含む幾つかの大陸法系のジュリスディクションは、法人は犯罪を犯せないという原理からは離脱しているのである。本模範法典の条項は、ワーキンググループ内で成立し得た合意を反映したものである。

政府は、その政府としての資格においては、通常、刑事訴追を免れている。他方、政府により所有・運営されている法人ないしその他の組織は、この免責特権を必ずしも享有するものではない。ワーキンググループは、(少なくとも後者のような場合には)法に反する行為についての刑事責任を政府が免れるべきではないということを承認した。このことは、〝者(person)〟の定義によって達成されている。(しかしながら、一部の強力な反対意見の存在に鑑みて、ワーキンググループの)圧倒的な多数意見は、政府が規制者(regulator)として行為した場合であって、政府がその者を通じて行為するところの公務員の活動に違法性が認められる場合については、適切な責任判断基準(liability standard)の適用という問題は各国の法理と制定法の改正に委ねられるべきであろう、という見解であった。

(科されるべき)刑罰の問題については、各ジュリスディクションが、惹起された危害の程度と有責性の程度に応じて制裁を段階付けている通常の刑事司法原則に従い、自由刑および罰金という伝統的な制裁を以って、環境に対する罪を処罰することを選ぶことができる、ということをワーキンググループは承認した。(のみならず、可能的な)制裁の種類としては、免許の停止または取消、政府契約または補助を受ける資格の喪失、資産の没収、有罪認定および判決内容の公表、被害者への賠償、社会奉仕活動、ならびに、将来の環境犯罪の予防および探知の為の実効的なプログラムの設定を犯罪者に要求する諸々の命令をも含み得る(べきである)、というのがワーキンググループの見解であった。

社会構成員の環境法の執行に関与する権利は、幾つかのジュリスディクションにおいて既に承認されている。しかしながら、殆どのジュリスディクションは社会構成員に刑事手続を開始することを許してはいない。(即ち〔〕一般的にいえば、大陸法系諸国においては、検察官が総ての重罪および重大な違法行為に関して(それらを)訴追する義務を有しているのに対し、コモン・ロー法系ジュリスディクションにおいては、検察官は広範な裁量権限を享有しているが、この相違にも拘らず、殆どの国においては、訴追は政府により任命された検察官の独占的権限なのである。

検察官が広範な訴追裁量を享有するところでは、公衆の目からすれば訴追されるべき事件の不訴追は、司法の恣意性と不平等性という印象を生ぜしめる。恣意的ないし選択的執行、特に成文のルールあるいはガイドラインの不存在の場合におけるそれを防ぐべく、ワーキンググループは模範法典に示されたような方式を提案した。

最後に、各国は如何に本模範法典を施行すべきか、ということに関する問題が生じる。具体的にいえば、本模範法典あるいはその一部は刑法典というような一定の法形式において施行されることが必要であろうか？

ある国が本模範法典を如何にして且つ如何なる形式で施行すべきかを余りに詳細に指定することに反対する根拠の一つは、多くの国においては立法権が連邦と地域との間で (between federal and regional entities) 分配されているということである。このことは、模範法典全体が一つの条文に纏められるべきであるということを指定することをも困難にする。また、幾つかの国においては、実体刑法規定と手続規定とは異なった規定で処理されてもいる。

他方、施行法が統治機構の如何なるレヴェルで立法されるかに関わりなく、模範法典の幾つかの規定は、刑法典が存在するところでは、刑法典中に含められるべきことが重要である。ワーキンググループは、第1条に規定される独立基本犯との関係において、このことを特に重要であると考えた。従属特別犯もそのような法典中に纏められ得るが、他の条文あるいは行政規制中に含められても差し支えない。ワーキンググループは、各国が環境に対する罪に関する本模範法典の全体または一部を各々の刑法典または最も高位の個人的および社会的価値に対する罪を処罰する他の法律において施行すべきこと、または、一部は上述のような法律において、他の部分は各国における適切な他の法律において施行すべきことを、勧告する。

G　地域的な執行システムの可能的構造と運営に関する勧告

ワーキンググループ3は、全体会議に対し、刑事環境法の執行に関する地域的な計画の可能的な構造と運営に関して、以下の勧告を行った。

これらの勧告の目的は、環境に対するトランスナショナルな犯罪に関する刑事法的執行について定める国際条約により、あるいは、刑事環境法の諸問題を扱う国内刑事法規定により施行される国際規範の執行を促進することにある。

全体会議は、北欧条約(Nordic Convention)、北米自由貿易協定環境付随合意(NAFTA Environmental Side Agreement)

および西アフリカ諸国経済共同体犯罪者引渡条約・西アフリカ共同体経済共同体刑事司法相互援助条約（ECOWAS: Convention on Extradition of the Economic Community of West African States and the Convention on Mutual Assistance on Criminal Matters of Economic Community of the West African Communities）を含み且つこれらに限られない世界中の様々なモデルを考慮しつつ、以下の勧告を採択した。

環境保護規範の執行は、刑法というものの脈絡の中においては、情報収集から探知、捜査、訴追、そして紛争解決にまで至るところの多様な活動の織り成す広範な連続体を包含するものとして考えられるべきである。

刑事環境法の執行の為の国内的、地域的、および国際的な諸制度が創設され、維持されるべきである。地域的執行は、個々の国家における執行メカニズムに対する補完的なものたるべきである。

短期的には、地域的執行制度は以下の執行手段の活用に焦点を当てるべきである。検査、執行収集、報告、モニタリング、監査、および紛争調停（dispute settlement）がそれらである。

これらは、各国の主権を侵害することなく、地域的執行計画への署名国間における相互の信頼と理解の形成を促進する活動である。

刑事環境法の執行の為の地域的な計画は、情報の収集を迅速化し、環境犯罪訴追を速やかに援助し、地域諸国が署名国である国際的な協定への適合化を援助するよう策定されるべきである。

各国は、長期的には、一地域を超えた範囲を包含する執行制度の創設と維持とに向かって共働することにより、刑事環境法の執行を促進することに努めるべきである。

そのような執行制度は、地域レヴェルにおいては他国主権の侵害とは捉えられない情報収集のような諸活動に焦点を合わせることを通じ、参加国間での信頼と協力を築くことに努めるべきである。

各国は、当該地域内のある国が環境に対する罪に関わる国内法の不執行という継続反復的な態度を示しているという基礎が存する場合には、環境に対する罪の執行を促進する地域レヴェルでの合意を形成することに努めるべきである。

この条項の目的は、同様の条項が国内環境法一般の執行を著しく促進する潜在的可能性を有しているところの、北米自由貿易協定の環境に関する付随合意を模倣して取り込むこと（emulate）である。

各国は、ある国における個人、団体、および非政府関係組織が、当該地域内の他国と関係する者または法的存在によって犯された環境犯罪に関わる訴追に参加し、訴追を開始する権利を与えられる、ということを確保することに努めるべきである。

本条項の適用に際しては、居住地あるいは国籍に基づく如何なる差別も存すべきではない。

この勧告は、私人によって開始されたトランスバウンダリーな争訟と国家によって開始されたトランスバウンダリーな争訟のいずれもが、環境を保護することにおけるホスト国の諸活動を補完することを可能とするものである。この勧告は、市民の関与およびトランスバウンダリーな争訟が、刑事環境法の執行を促進するホスト国の活動を増大させる為の必要且つ有益な付加物であるという見解に基づくものである。

有害または危険な活動から生じる危害または損害の被害者により、ある国に対して提起された争訟手続は、国内的救済手段の尽きることの必要性の法理（the rule of exhaustion of local remedies）に従うべきではない。

この勧告は、環境を著しく害する環境犯罪の場合、例えば湾岸戦争のような場合においては、迅速に行動し且つ可能な限り早期に証拠を収集する極めて大きな緊急性が存し得る、ということを承認するものである。

各国は、より長期的には、地域的刑事裁判所を含め、環境犯罪を取り扱う為の紛争解決メカニズムの形成を追求すべきである。」

四 スティーヴンスン会議・ポートランド会議の感想——まとめに代えて

刑事制裁の使用が環境保護という目的実現の為に如何なる可能性と限界を有するのか、それは、それが正にスティーヴンスン会議の準備しようとする第九回国連犯罪予防および処遇者会議におけるワークショップのタイトルであることにも示されるように、未だ明確な解答の示されていない問題であるといい得よう。しかしながら、ポートランド会議での諸勧告が示すように、刑事制裁を使うという方向の確定、あるいは、使わざるを得ない状況の存在ということは、国際的・地域的レヴェルにおいては、否定できない事実である。そして、注目すべきなのは、いずれにせよ、環境それ自体の保護の為に刑事制裁を使用することの正統性に関する疑念は、最早、存在しないということである。更に、環境に対する罪が国際犯罪であること、場合によっては、あくまで比喩的な表現ではあるが、国家（機関）犯罪であるということ、環境に対する罪に対応するイノヴェイティヴな視座・制度と制裁システムの創設が必要であること等の認識が確立している、ということである。勿論、国際レヴェルでの状況を述べて、だから我国でも同様でなければならない、それに従え、というようなことを主張しようという訳ではない。ただ、ここ一、二年の間に公刊された環境刑法に関する我国のアカデミックな諸論稿からは、重要ではあろうが余りにドグマに過ぎ、視座が狭過ぎるという印象を拭いきれない。ドグマと同時に、世界・アジアの中での我国にとって必要な実践、可能な実践をも考え、それを内外に向けて発信していくこと、それが必要であると共に期待されてもいる、というのが二つの会議に出席して改めて抱いた感想である。

（追記）　本連載（1）【IIスティーヴンスン会議・本書一六三頁までの部分】校了直後の八月中旬、第九回国連犯罪予防および犯罪者処遇会議（第九回コングレス）の日程が最終的に確定された旨のＵＮＣＪＩＮ（国連刑事司法情報ネットワーク）上のニュースに接した。第九回コングレスは、予定と異なり、一九九五年四月三日(月)〜一四日(金)にかけ、チュニジアのチュニスで開催されることとなった。【なお、本章註(2)で述べた通り、実際には更なる変更が生じて、同コングレスは、一九九五年四月末から五月上旬に掛けて、エジプトのカイロで開催された。この点に関連して、本書二一三頁注(1)を参照されたい。】

第一〇章　環境刑法をめぐる近時の国際的動向

――第Ⅸ回国連犯罪予防及び犯罪者処遇会議ワークショップEへの参加報告を兼ねて――

一　はじめに

既に旧聞の域に属するが、一九九五年四月二九日から五月八日までの一〇日間、エジプトのカイロにおいて第Ⅸ回国連犯罪予防及び犯罪者処遇会議が開催された(1)。筆者は、国連アジア極東犯罪防止研修所（UNAFEI・東京）の委嘱を受けて、国連地域間犯罪及び刑事司法研究所（UNICRI・ローマ）が組織・実施の任にあたった同会議におけるワークショップE「国内および国際レヴェルにおける環境の保護：刑事司法の可能性と限界」の為の前提的な実証研究に関与してきた者であるが(2)、ワークショップ自体にも実証研究の事例報告者とパネル・ディスカッションのパネリストという2つの役割において参加する機会を与えられた(3)。本稿は、そのワークショップへの参加報告を目的の一つとしつつ、より大きな視座において、近時の環境刑法をめぐる国際的動向について紹介し、我が国との関係において予期・対応すべき問題が那辺に存するかを示唆しようとするものである。

二　第IX回国連犯罪予防及び犯罪者処遇会議ワークショップEの「実質的」な意味

ワークショップEは、九五年五月三日の最終打合せの後、五月四日と五日の二日間、午前一〇時から午後六時まで、途中に二時間の昼食時間を挟んで実施された。その企画内容・方向性等については事前に公表されているバックグラウンド・ペイパー(4)で知ることができるし、参加者意見の状況や将来展望についても既に公式な報告書に纏められているので(5)、国連関連会議の文書という性格からくる限界性は勿論であるものの、詳細はあげてそれらの参照に委ねる他ないであろう。ここでは、現実に行われたプログラム内容を紹介しつつ、本ワークショップのもつ実質的な意味を考えてみることとしたい。

第一日目は、ワークショップの主目的の一ともいうべきもので謂わば当然であろうが、一一カ国を対象として行われた刑事法による環境保護の実証的な事例研究の報告に殆どが費やされたが、それに加えて、別稿(6)で詳細に紹介しておいた刑法改正及び刑事司法政策に関する国際センター（ICCRCP・ヴァンクーヴァー）他主催のいわゆるポートランド会議の報告が為された。終わりの一時間余りは、各国政府代表の見解表明に割り当てられたが、極く少数ではあるにせよ、カナダ政府代表団のように、UNICRIないし本ワークショップの政策的方向性を的確にサポートし、国内刑事環境刑法立法等を要求する等して、これをより一層強力に推進する意見表明があったことが印象に残った。第二日目の前半は、パネル・ディスカッション「刑法による環境の保護：個人責任の限界－集団的（collective）責任の可能性？」が行われた。カナダおよびドイツからの専門家をモデレイターとしつつ、日本・ブラジル・イタリー・フランス・オランダからのパネリストが、各国における企業その他の組織体ないし法人の刑事責任の追及の実際や立法的ならびに理論的試みの紹介を行った後、フロアとの質疑応答も行われた。演壇上の当事者の印象という制約はあるものの、全体としては、アングロ・アメリカ法系の立場からの改めての発言が少なかった為か、個人責任原理からの安易な離脱を戒めつつも、何とか組織体の刑事責任を理論構成して可罰化する行き方を追求しようという穏当な方向が優勢であったように思われる。それは、〝個人責任原理などという理屈は最早糞食らえで、とにかく企業等の処罰を可能にする必要がある〟という趣旨のブラジルからのパネリストの発言が余りにもショッキングであったせいでもあろう。第二日目の後半は、順序の記憶に定かでないところがあるが、①UNICRI、ヨーロッパ犯罪予防及び統制研究所（HEUNI：旧称 国連附属ヘルシンキ犯罪予防及び統制研究所）およびマックス－プランク外国及び国際刑法研究所による従前の環境問題の比較刑事法的研究の方法と成果についての報告、②違法な廃棄物処理・投棄等の環境破壊活動へのマフィアの浸透を生々しいビデオ画像で伝え、対策の必要性を訴えるイタリアのNGOによる「エコマフィア」プロジェクトの紹介、③環境保護の為の国際協調戦略の展開と可能的なフォローアップ・プロジェクトについてのUNICRIの要約、④国連犯罪予防及び刑事司法部による「アジェンダ21：環境法の刑事法的執行についての能力開発モノグラフ」の報告・紹介が行われ、最後に各国政府代表からの発言等があった。政府代表の発言については、第一日目と全く同様の印象をもった。

　以上のワークショップの現実のプログラム内容から汲み取れるのは、「［ヨーロッパ地域における］諸先行プロジェクトによって得られた研究上のノウ・ハウを含む様々な知見を集約・補完しつつ、更により広範な地域に関して各国専門家による実証的事例研究を新たに行い、これらを統合して、環境保護の為の刑事法使用の可能性と限界についての情報・指針を提示し、国際的次元での研究および実務上の戦略の展開を促進する」(7)という目的が、良い意味でも悪い意味でも、正に文字通りに実現されたということであろう。換言すれば、UNICRIを中心として構成ないし集約された比較的小さな人的・国家間的ネットワークの推し進める環境刑法政策が、実質的には相当に具体的な内容共々、以下に述べるように、国連の(事実的)承認を得たということである。ワークショップというものにおける各国政府代表の発言は、いうまでもなく、組織者の意向とはかかわりなく為されるものであって、その位置付けには難しいものがあるが、暗示された環境刑法政策のサポートを明確に意図した政府代表の発言が繰り返し為されたことも、上に指摘した通りである。

ところで、上の筆者なりの観察を説明する前に、第IX回国連犯罪予防及び犯罪者処遇会議における決議・勧告の内、本ワークショップに関連する第II議題関連がどうなったかを先ず見ておくことにしよう。同会議の報告書は、九五年五月三〇日から六月九日にわたりウィーンで開催された(国連)犯罪予防及び刑事司法委員会・第四セッションの審議対象の一となったが、結論的には、第IX回犯罪予防会議での決議は総て一括して承認するという国連総会決議案を経済社会理事会が勧告するという決議案「犯罪予防及び犯罪者処遇に関する第IX回国連会議」に纏められ、また、第IX回犯罪予防会議での決議中で犯罪予防及び刑事司法委員会による措置が求められている部分については、その具体的履行案が経済社会理事会に提出される決議案「犯罪予防及び犯罪者処遇に関する第IX回国連会議の決議と勧告の実施」という形で纏められることとなった。本稿に直接の関わりのあるのは後者であるが、これは経済社会理事会により九五年七月二四日に決議一九九五／二七として採択された。関連部分のみを訳出すれば、以下の通りである。

「　II　国内的及び国家横断的な経済犯罪及び組織犯罪に対する行動、ならびに、環境保護における刑法の役割：各国の経験と国際的協力

……〈略〉……

［経済社会理事会は、］

3　事務総長、ならびに、国連地域間犯罪及び刑事司法研究所および他の犯罪予防と犯罪者処遇の為の地域的研究所に対し、以下の諸点を特に考慮しつつ、環境の保護における刑法の役割について、予防上、規制上、そして、その他の戦略の展開を促進する研究、情報の交換、研修及び技術協力を継続するよう要求する。

（a）必要とされることの査定（ニーズ・アセスメント）および対策の諮問サービス、

（b）関連法令の見直しないし起草し直しの援助、および、実効的なインフラストラクチャーの構築の援助、

（c）刑事司法要員および規制担当機関要員の養成研修

……〈略〉……」(8)

改めて述べるまでもなく、UNICRIを初めとする本稿中で既に幾つかの名前の登場してきた国連所属もしくは提携関係をもつ犯罪予防・犯罪者処遇の為の諸研究所に、所掲の三事項を重点とした研究・情報交換・人的並びに技術的協力の継続を求めたのである。それは、表面的には、国際的レヴェルでの環境刑法の実現はなお将来的な課題であるというように理解することも可能であろう。しかしながら、上掲の三事項についてさえ、相当に具体的内容が既に示され、その実現が図られていることは、以下に述べる通りである。

三　ワークショップで報告ないし言及された各会議・プロジェクト等の内容及び関連

筆者は、上述したワークショップの現実のプログラム内容から、UNICRIを中心として構成ないし集約された環

境刑法政策が実質的には相当に具体的な内容を伴って国連の（事実的）承認を得た、ということを述べたが、その説明は、同時に、近時の環境刑法を巡る国際的動向の密接な関連性を示すものでもある。

先ず第一に、ワークショップは、現実のプログラムの中に刑法改正及び刑事司法政策に関する国際センター（ICCR-CP・ヴァンクーヴァー）他主催のいわゆるポートランド会議の報告を含んだのみならず、同会議の勧告を含む報告書全体を審議の対象とすることによって、その内容にも一定の承認を与えた。(9) 勧告内容は既掲の別稿に訳出した通り、国際的レヴェルでの従前の広範な議論を踏まえて、環境に対するトランスナショナルな罪に関する条約の可能的諸条件、環境事犯に関する模範国内刑罰規定案、地域的な執行システムの可能的構造と運営の為の諸条件を、各々極めて具体的に示したものである。のみならず、第二に、ワークショップは、九三年一二月にウィーンで開催され、その報告書が九四年二月に経済社会理事会に提出されたアドホック専門家グループ会議の勧告等(10)についても、同様の形で、一定の承認を与えている。その勧告内容は、ポートランド会議と基本的方向を同じくしていると解し得るが、それは両者の主要参加メンバーの重複からしても不思議ではないであろう。第三に、ワークショップ報告書は、ワークショップ参加者の一部が、カウンシル・オヴ・ヨーロッパの刑法による環境の保護条約案の諸条項(11)や九四年九月にリオデジャネイロで開催された第一五回国際刑法学会における決議等(12)に留意すべく注意を喚起した旨述べて、それらの内容にこれまた一定の承認を与えている。(13) そして、これら条約案や決議の形成にあたっては、筆者の知る限り、ポートランド会議やアドホック専門家グループ会議でも主導的役割を果たした国連関連研究機関・学術研究機関・政府関係者等が、同様に積極的な役割を果たしているのである。このように見てみると、総てが密接な意思疎通・連携の下で、今回のワークショップを一つのピークとして、そこに収斂すべく積み上げられてきたということが、また、経済社会理事会決議一九九五／二七に挙げられた重点の（a）及び（b）の相当部分が既に実現されているということが、明らかとなるであろう。

経済社会理事会決議一九九五／二七に挙げられた重点（c）についても、同じことがいえる。ワークショップは、プログラムに国連犯罪予防及び刑事司法部による「アジェンダ21：環境法の刑事法的執行についての能力開発モノグラフ」の報告・紹介を含めることにより、それに更なる国際的サーティフィケイションを与えたのである。同モノグラフの作成の経緯や内容については省略せざるを得ないが、作成ならびにサポートの事実的主体がUNICRIとこれまで述べてきた国際的な動きの殆ど総てに深く関わってきた人々、特にカナダ司法省の特段の支援を受けたモーハン・プラブー氏であったことは、本稿との関連において指摘しておくこととしたい[14]。

なお、ワークショップにイタリアのNGOによる「エコマフィア」プロジェクトの紹介を含ませたことが如何なる意図に基づくものであるかは必ずしも明らかではないが、実質的には組織犯罪を主眼としていた第Ⅸ回国連犯罪予防及び犯罪者処遇会議の第Ⅱ議題との関連でワークショップが企画されたこととの関係における単に政策的な判断と考えるだけではなく、環境犯罪が組織犯罪という側面をも帯び（始め）ていることに注意を喚起し、従前の議論では理論的に特段の問題を提起するものではないとしてドロップされてきた観点[15]を実践的観点から明示的に引き込もうとしたものと受け取るべきではないかと思われる。更には、環境刑法の執行におけるNGOの役割の必要性をアピールしたものともいい得るであろう。筆者には、その意味において、興味あるプログラム・アイテムであったように思われる。

四　近時の環境刑法を巡る国際的動向と我が国の置かれた状況

以上に述べてきたように、フォーマルな意味においては総てなお継続的検討を要する課題に止まる環境刑法（刑法による環境の保護）は、実質的には相当に具体的なレヴェルまで、国内法についても条約等についても、煮詰められてきており、それぞれの基本方向に対する賛否・採否の事実的な判断表明を謂わば迫られ始めているといわねばならない。我が国の政府や学界、あるいはNGO等に、対応する為の準備はあるであろうか。特に、ネガティヴな判断を行うときに、それを十分に根拠付け、国際的に納得させ得るだけの準備・代案があるであろうか。……筆者には、少々乱暴な言い方ではあろうが、環境刑法（刑法による環境の保護）は実質的な意味においても総てなお継続的検討を要する課題に止まるという認識をもって疑おうとせず、賛否・採否判断を迫られ始めていることにさえ敢えて気付こうとしない傾向があるように思われてならない。勿論、本稿は判断すべき対象の内容について触れていないし、刑事法の使用以前に採られるべき多くの手段との関連を抜きにして論じることも妥当ではないであろう。政策レヴェルでは、国内・国際のいずれの場面でも、法理論とは無縁なファクターが機能していることも事実である。しかしながら、継続的検討を要する課題であるとすることは、少なくとも、最終的には自らも検討を完遂して何等かの結論に達するということを意味するはずであり、我が国の現状はそのような状態からさえも余りに隔たっているといわざるを得ないであろう。環境基本法（平成五年法九一号）に華々しく掲げられた我が国の地球環境保護における使命・任務に鑑みるとき、その下での刑事及び行政環境刑法に関する基本政策の検討・確定の試みが殆ど為されていないのは、本来は不可思議ともいうべき現象であるが、ある意味においては当然であるのであろうか。

五　おわりに

環境問題は人権問題である、といわれる。その含意は極めて大きなものであるが、ここでは最後に、既に明らかな筆者の環境刑法に対する積極的な立場[16]からしても気になる一つの問題を述べておくことにしたい。それは、環境保護の為の刑罰の過剰利用という問題であって、若干捻れた発現形態を有している。ややステレオ・タイプ化した見方ではあるが、しばしば、いわゆる開発途上国においては環境破壊の（先進国的な観点からの）禁止・処罰は国民の生存自体を危うくするものであって、刑罰の利用には消極的である、といわれる。このような主張は確かに開発途上国関係者によってなお為される場合もあるし、現象としても観察することができるであろう。反面、企業ないし組織体の刑事責任追及に関する上述のブラジルの専門家の発言に見られるように、近時には、全く逆の現象も多く見られるようになってきている。絶滅の危機に瀕した貴重な動物を（業的にせよ）殺した行為者が死刑に処せられた、という類の報道も増えてきている。刑罰の使用が、手続的並びに実体的デュー・プロセスの保障等の為の制度的要求等を充足する必要から、極めて大きな社会的コストを伴う場合においては、過剰利用の危険性は通常大きくないが、社会的コストが相対的にせよ極めて小さいとき、純粋な見せしめ・威嚇を目的とした過剰利用の危険性は甚だしいものになり、環境破壊者個人の人権の軽視・無視に連なるのである。国際的レヴェルでの環境刑法の実現の困難性を示す一つの新たな問題であろう。

（1）　同会議については、ジュリスト一〇七七号の他、罪と罰三二巻四号、法律のひろば四八巻九号、警察学論集四八巻八号、自由と正義四六巻七号（いずれも一九九五年）等に関係各方面の立場からの詳細な報告がある。なお、国連犯罪予防及び犯罪者処遇会議というものの性格や国連組織内での位置・決議の効力等々については、今回会議から変更されたこともあり、日野正晴「第九回国連犯罪防止会議の概観」ジュリスト一〇七七号六一頁以下等で改めて確認されたい。また、これらの報告では余り触れられていないが、同会議の開催国の決定は相当に難航し、別稿で述べた通り、九四年夏の段階で漸くチュニジアが引き受けたものの、同年冬にかけて結局は降りてしまい、エジプト開催が決定されたのは一二月に入ってからという経緯がある。

(2)　同ワークショップの為の直接的な準備の状況の概要・背景事情については、拙稿「「環境刑法」に関する国連関連研究機関主催の二つの専門家会議・報告(1)」ジュリスト一〇五三号（一九九四年）四七〜四九頁【本書一五〇頁以下】を参照されたい。

(3)　念の為に付言すれば、筆者の参加資格は、UNICRIの推薦に基づく招聘「専門家《エクスパート》」個人としてのものである。そして、「招聘」専門家とはいうものの、近時のこの種の会議の常で、いわゆる先進国からの参加者には国連側からの経済的援助は全くなく、(財)社会科学国際交流江草基金に多大な援助を仰いだ。また、UNAFEIにも協力して頂いた。紙面を借りて、改めてお礼申し上げたい

(4)　Background paper for the workshop on environmental protection at the national and international levels: potentials and limits of criminal justice, A/CONF.169/12 (14 Dec. 1994). なお、拙稿・前出注(2)をも参照されたい。

(5)　Report of the Chairman of Committee I on the workshop on topic (e): environmental protection at the national and international levels: potentials and limits of criminal justice, A/CONF.169/L.26 (5 May 1995) & Ninth United Nations Congress on the Prevention of Crime and the Treatment of Offenders, Cairo, 29 April - 8 May 1995: Report prepared by the Secretariat, A/CONF.169/16/Rev.1, pp. 82-84.

(6)　拙稿「「環境刑法」に関する国連関連研究機関主催の二つの専門家会議・報告(2)(3完)」ジュリスト一〇五四号九四〜一〇二頁、一〇五五号（一九九四年）一二九〜一三五頁【本書一六四頁以下】。

(7)　拙稿・前出注(2)ジュリスト一〇五三号四八頁【本書一五一／二頁】。

(8)　Economic and Social Council Resolution 1995/27 (24 July 1995), in : Commission on Crime Prevention and Criminal Justice. Report on the Fourth Session (30 May - 9 June 1995), Economic and Social Council Official Records, 1995, Supplement 10, p.5

(9)　Report of the Chairman of Committee I on the workshop on topic (e): environmental protection at the national and international levels: potentials and limits of criminal justice, A/CONF.169/L.26 (5 May 1995), p.1 なお、ICCRCPの性格については、拙稿ジュリスト一〇五四号九四頁【本書一六四／五頁】を参照されたい。

(10) Report of the meeting of the Ad Hoc Expert Group on More Effective Forms of International Cooperation against Transnational Crime, including Environmental Crime, held at Vienna, from 7 to 10 December 1993, E/CN.15/1994/4/Add.2 (25 February 1994)

(11) 本稿の執筆に際しては、Draft Convention of the Council of Europe for the Protection of the Environment through Criminal Law, in: Beniamino Caravita (ed.), Environment as a Value and Its Protection through Criminal Law, 1995, Instituto per l'Ambiente (IPA) & International Scientific and Professional Advisory Council of the United Nations Crime Prevention and Criminal Justice Programme (ISPAC)/ Milano, pp.65を参照した。

(12) 本稿の執筆に際しては、関連議題についてのラポトゥア・ジェネラルであったモーハン・プラブー（Mohan Prabhu カナダ司法省シニアカウンセル）氏から提供を受けた議事報告書及び決議を参照した。なお、同決議の素案の作成過程・内容については、拙稿・刑法雑誌三三巻三号（一九九四年）五八七頁【本書一二七頁】以下を参照されたい。また、第一五回大会の決議における変更点の概略については、山口厚「第一五回国際刑法会議について」ジュリスト一〇六〇号（一九九五年）三三頁以下を参照されたい。議事報告書にも記されているが、この変更は基本的方向性の修正というよりは、決議素案が作成された九二年一一月以降の国際的議論の展開をも織り込んだものと解すべきであろう。ちなみに、決議案のとりまとめを行った作業グループの長は、素案のとりまとめでも主要な役割を演じた国際刑法学会カナダ支部のジョン・フレッカー（John Frecker）氏であり、メンバーにも素案作成に携わった者が多い。

(13) Report of the Chairman of Committee I on the workshop on topic (e): environmental protection at the national and international levels: potentials and limits of criminal justice, A/CONF.169/L.26 (5 May 1995), p.3, Art.8

(14) なお、正確を期する為に付言しておけば、同モノグラフは、ワークショップの時点では形式的には確定稿ではなかったと思われる。国連犯罪予防及び刑事司法部は、一九九四年一一月末、United Nations Crime Prevention and Criminal Justice Branch, Draft Monograph on Capacity Building in Criminal Enforcement of Environmental Law - November 1994 - を、国連事務総長が経済社会理事会決議1993/28 (27 July 1993) の要請により各国政府からの申告に基づいて創設した環境刑法専門家ロースターに登録された専門家に送付し、意見聴取を行った。この意見聴取結果をも反映し、より詳細化された確定稿は、UNICRIをも著者に明示したUnited Nations Crime Preventionand Criminal Justice Branch & United Nations Interregional Crime and Justice ResearchInstitute, Monograph on Capacity Building in Criminal Enforcement of Environmental Law - July1995 - である（筆者の所持する確定稿には、Crime Prevention and Criminal Justice programme's capacity

building prospectus (27 July 1995) が付されているが、これがモノグラフの一部を成すものであるか否かは明らかでない)。確定稿は、九五年七月末に国連開発計画（UNDP）に送付された。

(15) 例えば、拙稿・前出注(12)刑法雑誌三三巻三号（一九九四年）五九三頁（上段から下段にかけての記述）【本書一三五／一三六頁】を参照されたい。

(16) 拙稿「「環境の保護」の手段としての刑法の機能」『団藤重光博士古稀祝賀論文集』第三巻（一九八四年）二六六頁【本書三頁】以下及び「環境刑法における保護法益と法益保護の態様」『刑事法学の現代的状況　内藤謙先生古稀祝賀』（一九九四年）三〇五頁【本書二三頁】以下を参照されたい。

第一一章　環境の国際的保護の動向

一　本章の対象――環境の刑事法的保護を巡る国際的動向

周囲を海で囲まれ、位置的にも孤立した我が国と異なり、陸続きで河川や気流等により環境汚染物質等が周辺国から流入して来る事例の少なくない欧州大陸や北米大陸の諸国にとって、国際的な（国境を越えた《トランスバウンダリー》）環境破壊は、工業化が始まって以来、謂わば古くから馴染みの現象といい得る。それは、当然ながら、国際的な紛争・対立を生じせしめるものであったが、国際法において国家主権の無制約性と公海の自由ということが極めて強調されていた時代においては、その解消が容易ではなかったことはいうまでもない。そのような中でも、勿論、解消の為の共働は生みだされてきた。例えば、ある国家は、自国内での活動が他国内での環境破壊ないし被害を生じさせた場合、それについて責任を負う、という国際環境法上の原則は、二〇世紀初頭には成立していたといわれるし、一九七二年のストックホルム宣言・原則21に化体されている。その原則は、裏返して見れば、諸国家は環境の保護の為に相互的な協力義務を負う、ということになろうが、それは、特に公海での、あるいは、渡り・回遊性を有する生物の諸国内での乱採取・乱捕獲が進み、自然資源管理における保全・保護ということが意識されるようになった一九四〇年代に自然動植物保護の機運となって現れ、現在に至る捕鯨・漁業・渡り鳥等々に関する国際条約が締結される。五〇年代・六〇年代には、放射能汚染や油濁という新らしい環境被害に関する責任を定める条約が、そして、一九七〇年代以降は、先進諸国における環境保護運動の高まりと呼応して、環境保護の側面を有する夥しい数の国際合意・条約が成立している。その詳細、就中、刑事法に係わるものについては、「国際環境刑法」を論じる次章で述べられると思われるので、本章では扱わない。ここでは、各種国際団体や組織のレヴェルで環境保護の為に刑事法を如何に使用するかという問題の議論がどのように為されてきたか、その傾向について、議論が活発化した七〇年代以降を中心に、筆者の経験をも踏まえて、紹介・分析することとしたい。

二　環境保護の為の刑事法の使用を巡る議論

上述の通り、国際的な環境破壊は古くから存在する現象であるが、ある国が自国内での被害の発生を理由にして他国で行われた他国民の排出行為等に対して刑罰権を及ぼすというようなことは、伝統的観念からすれば、謂わば原則的に不可能である。従って、そのような問題の議論は、現実的必要性・処罰欲求の存在にも拘わらず、余り行われなかったといい得よう。それのみならず、そもそも、自国内においても、環境破壊自体を理由として刑事罰を科するということは、一九七〇年代に至るまでは、余り見られなかったといい得よう(1)。即ち、環境保護の為の刑事法の使用に関しては、先ず国内法においてにせよ、そもそも正統性が存するのか、正統性が存するとして如何なる機能を期待し得るのか等の原理論的諸問題が存し、その上で、人為的な国境とは本来的に無関係な環境の保護を国際的協力下で行っていく際に刑事法を如何に何処まで利用し得るか、という謂わば実践的課題が問題となったのである。

環境保護の為の刑事法の使用の正統性という問題は、一九七〇年（昭和四五年）のいわゆる「公害国会」を境目とする爾後の我が国におけるのと同様、各国の環境保護立法の過程において刑事罰が導入されるという現実が生じ始めることにより、一応の決着を見たような外観を呈するが、国際的レヴェルにおいては、七〇年代後半において盛んな議論の成果が提示され始める。

（1）ヨーロッパ評議会決議（77）28と八〇年代の議論の基本的方向性

ヨーロッパ評議会（Council of Europe）は、環境保護において刑事法が演じるべき役割についての議論を一九七一年頃から開始していたが、犯罪問題に関するヨーロッパ委員会（European Commitee on Crime Problems：以下、ECCPと略記する）が一九七二年に設置した小委員会により七四年から七七年にかけて実施された研究とそれに基づく委員会報告を受け、一九七七年九月に同評議会大臣委員会が決議（77）28[2]を採択するに至る。

同決議は、その後の環境刑法の展開との関係において極めて重要な位置を占めるものであるが、それについて述べる前に、それが謂わば前提としたECCPの報告について、知り得た限度で極く簡単にデータを紹介しておく。即ち、ECCPは、上記の通り、七二年に環境の刑法的保護について検討する小委員会を設置するが、同小委員会は、イギリスのビール（Beale）教授に比較法的調査を依頼し、同教授の一九七六年の報告書「汚染に対する水及び大気の保護への刑法の可能的貢献に関する報告（Report on the Potential Contribution of Criminal Law to the Protection of Water and the Air against Pollution）」に基づいて中間報告書「環境の保護における刑法の貢献（La contribution du droit pénal à la protection de l'environnement, Rapport interimaire du Sou-comite）」及び最終報告書を纏めた。報告の基本的方向性は、環境の法的保護を第一次的に行政規制と規制担保の為の行政的措置の任務としつつ、それでは不充分な場合に初めて刑事制裁が発動されるべきもの、刑事制裁は最後の手段（ultima ratio）であるとするものとのことであり、環境破壊に対する刑事制裁の使用に際してヨーロッパ諸国の抱える問題（罰金刑の負科方法、厳格ないし絶対責任化、法人処罰等々）と解決策の傾向とが挙げられている。なお、一九七六年にはアンリ・カピタン協会が「近隣および環境の法的保護」を議題とした会議を開催し、刑法の関連ではカナダのフォルタン（Fortin）教授が報告書を作成している。その基本的方向性も、ECCPのそれと同様といえようし、問題点についても、責任要素や法人処罰等の点で一致しているように思われる。(3)

ヨーロッパ評議会決議（77）28は、以上のような議論を踏まえたものであって、当然ながら、それらと方向性を同じくするものである、と基本的にはいい得ると思われる。しかしながら、具体的勧告に先立つ前提の一つとして、「人類・動物及び植物の健康と景観の美しさは、あらゆる可能な手段をもって保護されなければならないことに鑑み」と、人間の健康の保護と動植物・景観の保護（自然環境ないし生態系の保護）とを同格化した上で、「この［環境保護の］分野において、刑法への依存は最終的手段たるべきではあるが、それにも拘わらず、他の方法が遵守されていない場合、若しくは、実効性がなく、或いは不適切である場合には、刑法の使用が為されねばならないことを鑑み」と宣言した点は、環境保護の為の刑事法ないし刑事制裁の使用に従前よりも積極的に正統性を肯定し、意欲的姿勢を示したものと解されよう。もっとも、勧告の内容自体は、いわゆる制裁論と環境犯罪を巡る謂わば手続的側面についての検討の為のガイドラインを主として提示したものに止まり、如何なる所為・活動を犯罪とするか、あるいは、要件を具体的に如何に定めるか等々の実体法的側面については各国の判断に委ねていたのであった。(4)

ヨーロッパ評議会決議（77）28以降も、同決議とは性格・立法者への影響力等において全く異なるものではあるが、相継いで国際的学会レヴェルでの議論の集約が図られていく。一九七八年八月には第一〇回国際比較法学会大会がハンガリーのブダペストで開催されるが、その刑事法関係の第三テーマは「環境の刑法的保護」であり、我が国の平野龍一博士が各国報告者への質問調査に基づく一般報告を行い、「もちろん、刑法も環境の保護に一定の役割は演じる。しかし基本的な問題は、比較的大きな企業の活動をどのようにして規制するかにあるから、規準――排出基準および設備規準――を厳格に定め、これを行政的手段によって強行するのが、最も有効な方法である。刑法は限定された役割しか果たさないし、果たす場合にも、主として行政規制と一体になって、その役割を果たすものである」と結論付けられている。[5] 一九七九年九月には第二議題に「自然環境の刑法的保護」を据えた第一二回国際刑法学会大会が（当時の西）ドイツのハンブルクで開催され、他の国際学会の場合と同様に、環境保護における非刑法的手段の第一次性・非刑法的手段の実効性を確保するという刑法の補助的性格を謳った決議が採択される。しかし、そこでは、ヨーロッパ評議会決議（77）28の場合と表現は異にするが、重大な環境破壊に際しては刑法の独立した介入が必要であるとされ、水体・大気・土壌等の環境媒体自体を法益とすべきことの他、危殆化犯処罰、法人処罰、公務員処罰等々の問題にも積極的に取り組む提案が示された。そしてまた、国内刑法のレヴェルと国際刑法のレヴェルとを明確に区別した提案が行われたということも注目すべきであろう。[6] 要約していえば、七〇年代末から八〇年代に掛けてのアカデミックな議論では、環境保護の為の刑事法ないし刑事制裁の使用については、それを否定はしないが、最終手段（ultima ratio）としての性格・補充性を強調し、行政規制を優先すべしとする見解が示されたが、政策決定レヴェルでは、徐々に刑事法ないし刑事制裁の積極使用に議論が傾いていったといい得るであろう。

以上のような状況を背景としつつ、八〇年代は、各国が刑事法を環境保護の為の法制度に現実に組み込み続けていく時代あるいは組込を強化していく時代となる（本稿冒頭に述べたように、国際条約等の進展、条約の国内施行法における罰則の展開等が並行的にあったことも勿論であるが、この点については、一先ず措く）。その行き方は様々であるが、象徴的なのは、（当時の西）ドイツが一九八〇年に行った刑法典への環境犯罪の集中的規定という改正作業であろう。[7] それは、ヨーロッパ評議会決議（77）28や第一二回国際刑法学会大会第二議題決議の示した方向に基本的に一致するものといい得る。換言すれば、行政従属性論を採る点において、七〇年代からの基本的方向性に従うものであるが、環境媒体そのものを刑法典において保護すること、その価値の高さを宣言することが、逆に行政規制を中心とする環境保護の進展のもどかしさ・遅々として進まぬ状況を能く示したものといい得る。更には、七〇年代の議論においても指摘されていた企業・法人による環境破壊の（刑事法的）規制の必要性が、ドイツを含む大陸法系諸国では、非自然人に対しては刑事責任を認め得ないとする伝統的理論に基づいた法制度自体の問題性によって、充たされ難いという状況の存在も見落とし得ないであろう（ヨーロッパ評議会レヴェルでいえば、環境犯罪を特に意識したものではないが、漸く一九八八年の司法大臣委員会の勧告（88）18が、企業・法人自体に対する刑事制裁（課徴金を用いたドイツ秩序違反法のようなものも含む）の使用の方針を承認するに至る）。そして、経済状況の変動や犯罪の増加傾向、特に薬物犯罪を初めとする（国際的）犯罪組織の関わる犯罪の増大等々、解決の一層急務と思われた社会的問題の多発も、環境犯罪への取り組みを遅らせた要因といい得るであろう。八〇年代は、環境保護の為に刑事法ないし刑事制裁が果たすべき役割についての了解は存したものの、また、各国がそれぞれの抱える制約条件の下において、その具体化には努力したものの、全体として見れば、大きな進展は見られず、他方、環境の劣化は相変わらず進展するという状況にあり、その打開策を求める動きが改めて開始されたのである。

（2）第一七回ヨーロッパ司法大臣会議決議及び第八回国連犯罪予防及び犯罪者処遇会議決議と九〇年代の議論の基本的方向

環境の劣化の防止という実践への諸国家のコミットメントの実現が目的とされる限りにおいて、議論の場が、直接的に各国政府を拘束せず従ってまた直接的な影響を殆ど与え得ないアカデミックな団体・学会レヴェルから、政府間組織あるいは国連関連組織等へと移行するのは、何ら不思議なことではない。ヨーロッパ評議会決議（77）28は、上述のように、加盟各国の具体的なコミットの仕方については各国の判断・努力に委ね、その結果、余り進展のない謂わば停滞・閉塞状況が作出された訳であるが、一九九〇年六月五日から七日にかけてトルコのイスタンブールで開催された第一七回ヨーロッパ司法大臣会議は、環境破壊の取締という目的の為の加盟各国に共通の具体的な内容をもったガイドラインの作成、という従前とは別個のアプローチを追及すべきことを勧告する。それが、従前は行われなかった実体刑法的な諸問題の解決の為の共通ガイドラインの作成をも含んでいた、という点に留意すべきであろう。また、これと呼応して、一九九〇年八月二七日から九月七日にかけてキューバのハヴァナで開催された第八回国連犯罪予防及び犯罪者処遇会議は、行政法的手段や民事法的責任追及に加え、適当な場合には、環境の保護の為に刑事法的手段が採られるべきであるとした上で、加盟各国に対し、(a)自然及び環境を保護すべく国内刑法を改正する、もしくは必要な場合は新たに発効させる必要があることを承認し、(b)有害廃棄物その他環境破壊の危険ある物質からの、また、受け入れ難い危険の程度で操業されていると思われる危険な施設からの、自然及び環境の保護を国内刑法下で促進し、(c)刑法を含む環境保護に関わる諸国内法を実効的に施行し、破壊された環境の可能な限りの原状回復を確保することを呼び掛け、また、国民の環境保護意識を高める為の施策の実施等々を求める決議(8)を行い、この決議が、同年一二月一四日の総会決議で承認されるに至る。このように、九〇年代に入ると、議論は、環境保護の為に刑事法を使うべきか否かという問題ではなく、刑法の最終手段性・謙抑性を前提としつつも、如何なる具体的内容の刑罰法規を各国が一致して規定していくべきか、その模範となるようなものを提示する、という方向に展開して行ったのである。

三　環境刑法における具体的論点と模範環境刑法典の作成

このアプローチの実現の為、ヨーロッパ評議会レヴェルでは、各国・機関等の学者等からなる専門家委員会(Committee of Experts)が一九九一年に構成されるが、同委員会は補充主義原理に基づく「刑法による環境の保護に関する条約」を起草することを決定し、そこにおいて重大な違反行為(環境犯罪)の中核となるものを定義すると共に、この分野での国際司法共助の改善策を提示することとした。更に、同委員会は、幾つかの論点の検討の為のスペシャリスト・グループを設置した。その論点は、原初的には、

① 人及び人間環境を含め、動物相・植物相・水体・土壌及び大気に関する適切な刑法的保護を提供する為の違反行為規定のリストの作成、

② (具体的、抽象的、あるいは潜在的)危殆化という違反行為の観念、

③ 環境分野における刑法と行政法の関係、

④ 違反行為から生じた危険あるいは損害を回避しようとした違反行為者の行動は、訴追あるいは処罰の際に考慮されるべきか、

⑤ 環境破壊を行為の行われた国のみならず、二重処罰の禁止原則を考慮しつつ、その結果の生じた総ての国に

おいて刑事訴追に服せしめ得る刑事違反行為とすること、
⑥　環境犯罪・国際協力・管轄・権限競合等に関する諸々のヨーロッパの刑事法条約の適用可能性、その他、環境に関する国際法及び刑法上の重要問題、
というものであったが、更に、
⑦　危険な活動を行う事業主の公衆への告知義務の違反、
⑧　環境に対して行われた違反行為を報告すべき監督官庁の一種の強制的義務が存すべきか否か、
⑨　刑事訴訟に当事者として補充的に参加するグループ又は結社の可能的権利、
⑩　環境犯罪からの収益の剝奪、
⑪　刑事制裁としての原状回復、例えば、原状回復を条件とする執行猶予の可能化、
⑫　環境犯罪に関する国際協力及びヨーロッパ刑事法条約の適用可能性、
⑬　危険物質の違法な取扱、
等も含められることとなった[9]。スペシャリスト・グループの活動の詳細は定かではないが、いずれにせよ、ヨーロッパ・レヴェルでは上述のような極めて具体的な環境刑法の内容確定・集約作業が開始されたのである。そして、その作業は、一九九八年に「刑法による環境の保護に関する条約[10]」に結実するが、その間、国連を初めとする様々な国際機関・政府関連機関・学会等のレヴェルでの共同作業へと拡大されていく。

例えば、一九九一年五月、国際刑法学会は、一九九四年にブラジルのリオデジャネイロで第一五回大会を開催することを正式決定し、その第一議題として「環境に対する罪と刑法総則」というテーマを採択したが、その為の準備会が、環境保護に積極的なカナダ司法省の全面的な支援の下、ヨーロッパ評議会・国連（ウィーン事務局）等からの

専門家のオブザーバー参加を得て（なお、学会関係者ではないという形式的な意味でのオブザーバー参加であって、討論・決議案（勧告）作成等にも全面的且つ実質的に参加している）、一九九二年一一月二日から六日にかけて首都オタワで開催される。テーマ自体が示すように、そこで意図されたものは、具体的な個別犯罪類型の規定に関する模範《モデル》の提示ということにはなお至るものではなかったが、その前提たる総則規定上の種々の問題に関する具体的方向付けが、決議案（勧告）に明示される通り、上述してきたような議論の経緯を踏まえて試みられたのである。(11) この決議案（勧告）は、若干の修正を加えられて、一九九四年九月の第一五回大会で採択されている。(12)

また、上述の第八回国連犯罪予防及び犯罪者処遇会議の決議、同決議の国連総会での承認を受けた経済社会理事会・犯罪予防及び刑事司法に関する委員会は、一九九三年七月に、一九九五年開催予定の第九回犯罪予防及び犯罪者処遇会議における暫定審議事項を決定するが、その中には、「国内《ナショナル》及び国際《トランスナショナル》的経済犯罪並びに組織犯罪に対する行動、及び、環境の保護における刑法の役割：各国《ナショナル》の経験と国際協力」というテーマの採択と、国連地域間犯罪および刑事司法研究所（United Nations Interregional Crime and Justice Research Institute, Rome: 以下、UNICRI と略記する）担当の「国内的及び国際的レヴェルにおける環境の保護：刑事司法の可能性と限界」というワークショップの開催が含められた。このワークショップの意義それ自体については後述することとするが、本稿との関連においてここで紹介しておくべきであると思われるのは、テーマ採択・ワークショップ開催決定前まで、そして、その後同ワークショップ開催までに実績として積み上げられた刑法的議論の成果であろう。

テーマ採択・ワークショップ開催決定前の段階では、例えば、「刑法による環境保護に関する条約」の締結に向けてのヨーロッパ評議会を中心としたヨーロッパ・レヴェルの動向の継続として、一九九二年四月二五日から二九日に掛けてドイツのラウクハマー（Lauchhammer）で開催された「ヨーロッパ的パースペクティヴでの自然及び環境の保護における刑法ポリシーに関するセミナー」があり、国連その他の国際機関や学会等のレヴェルでは、UNICRIを初めとする国連所属の犯罪学や刑事法に関する研究所による複数の地域的な準備会議の開催やマックス-プランク外国及び国際刑法研究所（ドイツ・フライブルク）との共同研究プロジェクトの実施、上述した一九九二年一一月のオタワでの国際刑法学会準備会（既述の通り、ヨーロッパ評議会からも国連からも参加があり、ヨーロッパ諸国支部からの少なからぬ参加者はマックス-プランク研究所で環境刑法等を研究した者である）の開催等々が挙げられよう。関係者の組織的ないし人的な共通性・同一性ということを通じて、議論はより密接な関連性を帯びるに至ったことが注目されるべきであろう。

一九九三年七月のテーマ採択・ワークショップ開催決定後、同ワークショップ開催に至るまでのものとしては、先ず、一九九三年一二月にウィーンで開催され、その報告書が九四年二月に経済社会理事会に提出された「環境犯罪を含む国際的《トランスナショナル》犯罪に対する国際協力のより実効的な形態に関するアドホック専門家グループ」会議の勧告[13]、及び、一九九四年三月中旬から下旬に掛けてアメリカ合衆国ワシントン州スティーヴンスンで開催された前記ワークショップの為のUNICRI主催の準備会議[14]とこれに引き続いてオレゴン州ポートランドで開催された「刑法改正及び刑事司法政策に関する国際センター（ICCRCP・ヴァンクーヴァー）」並びにポートランド組織委員会主催、UNICRI協賛、「『国際的、国内的、そして、地域的な環境の保護における刑事制裁の使用』に関する国際専門家会議」（以下、ポートランド会議と略記する）の決議・勧告[15]がある。ポートランド会議の勧告内容は既掲の別稿に訳出した通り、国際的なレヴェルでの従前の広範な議論を踏まえて、環境に対する国際的《トランスナショナル》な罪に関する条約の可能的諸条件、環境事犯に関する模範国内刑罰規定案、地域的な執行システムの可能的構造と運営の為の諸条件を、各々極めて具体的に示したものである。即ち、上述した一九九〇年代に入ってからの環境刑法に関する国際動向を象徴的に示すものである。そして、それはアドホック専門家グループ勧告と基本的方向を同じくするものであるが、それは両者の主要参加メンバーの重複からしても不思議ではないであろう。これらに加え、更に、一九九四年九月にリオデジャネイロで開催された第一五回国際刑法学会における決議[16]や徐々に纏められつつあったヨーロッパ評議会の「刑法による環境の保護に関する条約」草案[17]を巡る議論もある（本稿では省略するが、周知の通り、国際的犯罪・組織犯罪への対応ということは一九九〇年代前半の国連における焦点の一つであって、この観点から行われていた「国際法委員会」や「犯罪予防及び刑事司法委員会」の更なる報告・決議等もあることを付言しておく）。このようにして積み重ねられた成果を背景に、一九九五年四月末から五月上旬にエジプトのカイロで第九回犯罪予防及び犯罪者処遇会議[18]が開催され、そこでUNICRIの組織・担当するワークショップE「国内および国際レヴェルにおける環境の保護：刑事司法の可能性と限界」が行われたのである。

四　第9回国連犯罪予防及び犯罪者処遇会議におけるワークショップE「国内および国際レヴェルにおける環境の保護：刑事司法の可能性と限界」の意義

ワークショップEの企画内容・方向性等については事前に公表されているバックグラウンド・ペイパー[19]で知ることができるし、参加者意見の状況や将来展望についても既に公式な報告書に纏められている[20]ので、国連関連会議の文書という性格からくる限界性は勿論であるものの、詳細はあげてそれらの参照に委ねる。ここでは、同ワークショップのもつ実質的な意味を考えてみることとしたい。

先ず注目すべきなのは、五月四日・五日の二日にわたって行われたワークショップの第一日目に、ワークショップの主目的の一ともいうべき一一カ国を対象として行われた刑事法による環境保護の実証的な事例研究の報告に加えて、上述の「刑法改正及び刑事司法政策に関する国際センター（ICCRCP）」他主催のいわゆるポートランド会議に関する報告が為されたということである。そして、各国政府代表の見解表明中に、極く少数ではあるにせよ、カナダ政府代表団を筆頭として、UNICRI ないし同ワークショップの政策的方向性を的確にサポートし、国内刑事環境刑法立法等を要求する等して、これをより一層強力に推進する意見表明があったことである。このことの含意するところは、これまでに述べてきたところからすれば、既に明らかであろう。一九九〇年代に入ってからの議論の動きが、内容と共に、謂わば包括的に承認されたのである。[21] 第二日目は、パネル・ディスカッション「刑法による環境の保護：個人責任の限界－集団的 (collective) 責任の可能性？」が行われた他、① UNICRI、ヨーロッパ犯罪予防及び統制研究所(HEUNI：旧称 国連附属ヘルシンキ犯罪予防及び統制研究所)およびマックスープランク外国及び国際刑法研究所による従前の環境問題の比較刑事法的研究の方法と成果についての報告、②違法な廃棄物処理・投棄等の環境破壊活動へのマフィアの浸透を生々しいビデオ画像で伝え、対策の必要性を訴えるイタリアのNGOによる「エコマフィア」プロジェクトの紹介、③環境保護の為の国際協調戦略の展開と可能的なフォローアップ・プロジェクトについてのUNICRI の要約、④国連犯罪予防及び刑事司法委員会による「アジェンダ21：環境法の刑事法的執行についての能力開発モノグラフ」の報告・紹介が行われた。換言すれば、一九九〇年代に入ってからの動きに一応の纏まりがつけられ、執行面を含む今後の展望が示されたのである。以上の意味において、このワークショップには、刑事法的な環境保護に関する議論を集大成し、承認を受けて、実行に移す為の場という意義付けが行われていた、といい得るであろう。

さて、それでは、第九回国連犯罪予防及び犯罪者処遇会議における決議・勧告の内、同ワークショップに関連する第II議題関連は如何に処理されたのであろうか。同会議の報告書は、九五年五月三〇日から六月九日にわたりウィーンで開催された（国連）犯罪予防及び刑事司法委員会・第四セッションの審議対象の一となったが、結論的には、第九回防犯会議での決議は総て一括して承認するという国連総会決議案を経済社会理事会が勧告するという決議案「犯罪予防及び犯罪者処遇に関する第九回国連会議」に纏められ、また、第九回防犯会議での決議中で犯罪予防及び刑事司法委員会による措置が求められている部分については、その具体的履行案が経済社会理事会に提出される決議案「犯罪予防及び犯罪者処遇に関する第9回国連会議の決議と勧告の実施」という形で纏められることとなった。本稿に直接の関わりのあるのは後者であるが、これは経済社会理事会により九五年七月二四日に決議 1995/27 として採択された。関連部分のみを訳出すれば、以下の通りである。

「　II　国内的及び国家横断的な経済犯罪及び組織犯罪に対する行動、ならびに、環境保護における刑法の役割：各国の経験と国際的協力

……〈略〉……

[経済社会理事会は、]

3　事務総長、ならびに、国連地域間犯罪及び刑事司法研究所および他の犯罪予防と犯罪者処遇の為の地域的研究所に対し、以下の諸点を特に考慮しつつ、環境の保護における刑法の役割について、予防上、規制上、そして、その他の戦略の展開を促進する研究、情報の交換、研修及び技術協力を継続するよう要求する。

（a）　必要とされることの査定（ニーズ・アセスメント）および対策の諮問サービス、

（b）　関連法令の見直しないし起草し直しの援助、および、実効的なインフラストラクチャーの構築の援助、

（c）　刑事司法要員および規制担当機関要員の養成研修

……〈略〉……[22]」

改めて述べるまでもなく、UNICRIを初めとする国連所属もしくは提携関係をもつ犯罪予防・犯罪者処遇の為の諸研究所に、所掲の三事項を重点とした研究・情報交換・人的並びに技術的協力の継続を求めたのである。それは、表面的には、国際的レヴェルでの環境刑法の実現はなお将来的な課題であるというように理解することも可能であろう。しかしながら、上掲の三事項について相当に具体的内容が既に示され、その実現が図られていることは、これまでに述べてきたところからして明らかであろう。重点の（a）は、正に実証研究を行って各国の経験・知見を分かち合うというワークショップの意図したところの一部であるし、その前提には従前の多くの知見の積み重ねが存する。(b)は、ワークショップで紹介され、内容的に一定の承認をも得たポートランド会議の成果を想起すれば足りるであろう。(c)についても、同じことがいえる。ワークショップは、プログラムに国連犯罪予防及び刑事司法委員会による「アジェンダ21：環境法の刑事法的執行についての能力開発モノグラフ」の報告・紹介を含めることにより、それに更なる国際的サーティフィケイションを与えたのである。同モノグラフの作成の経緯や内容については省略せざるを得ないが、作成ならびにサポートの事実的主体がUNICRIとこれまで述べてきた国際的な動きの殆ど総てに深く関わってきた人々であったことを指摘しておくこととしたい(23)。残されたものは、各国・各地域等における具体的な取り組みの開始ということであろう。

五　その後の環境刑法の展開と今後の展望

各国・各地域等における具体的な取り組みというものは、なかなか可視的にならないものである。特に、一九九〇年代後半のアジア経済危機やそこからの回復の遅れ、あるいは逆に、ＩＴ産業を核とした好景気等もあって、二一世紀当初における刑事法的な環境保護への関心は再び低下したといい得る。より正確には、刑事法という国内法中心の対応では阻止し得なくなった地球規模での温暖化対策等が優先されざるを得なくなり、そこに精力が集中した、ともいい得るであろう。しかしながら、既述の通り、一九九八年一一月にはヨーロッパ評議会による「刑法による環境の保護に関する条約[10]」が成立しているし、国連関連機関を中心とした環境犯罪対策の為の人的資源の養成や技術移転等は着実に進んでいるように思われる。例えば、一九九七年七月には環境犯罪予防計画（The Environmental Crime Prevention Programme: E.C.P.P.）[24]が発足して活動を開始しているし、UNICRIを初めとして我が国のUNAFEI等も、様々な組織・機関と提携した環境刑罰法規の執行や人材養成の為のセミナーないしワークショップ等を実施してきている[25]。このような地道な基盤形成が、ここ当面の展開方向といい得るであろう。そして、上述のような地球規模での問題解決の要に迫られる場面が一層増えるにつれ、刑事法の果たす役割は、相対的に謂わば益々周辺的なものになっていくであろう。そのとき、環境保護の為に刑法を如何に使用すべきか、という原初的問題が改めて意識されるようになる、と考えるのは筆者だけであろうか。

（1）もっとも、「環境破壊自体」という語の理解に拠っては、相当古くから刑事罰も用いられていた、ということになり得る。例えば、自然公園や文化財保護等に関連する法令中での動植物や岩石の違法な採取・持ち出し、建造物の違法な設置等を考えられたい。なお、蛇足までに付加すれば、既に一四世紀初頭、一三〇七年のイギリス・ロンドンで、冬季の暖房炉《ファーニス》による大気汚染（スモッグ）を防止する為、（特定種類の）石炭の使用をキャピタル・オフェンスとする禁止令が発され、これに違反した男性が処刑された例がある、とのことである（詳細は文献に拠り異なる。See New Jersey v. Mundet Cork Corp., 8 N.J. 359 (1952), 365; 86 A.2d. 1 (1952), 4; Chass, Robert L. & Edward S. Feldman, Tears for John Doe, 27 S.Cal.L.Rev. 349 (1954), 352).

（2）Council of Europe: Resolution (77) 28 On the Contribution of Criminal Law to the Protection of the Environment (Adopted by the Committee of Ministers on 28 September 1977, at the 275th Meeting of the Ministers' Deputies)

（3）以上の内容については、平野龍一「公害と刑法」同『刑法の機能的考察』八四頁以下（田中二郎先生古稀記念『公法の理論下II』初出）を参照されたい。

（4）本稿の執筆に際しては、ヨーロッパ評議会決議(77)28はKlaus Tiedemann, Die Neuordnung des Umweltstrafrechts, 1980, S. 56-58所掲のものに拠った。

（5）平野博士の一般報告は、「環境の刑法的保護―第一〇回国際比較法学会大会での一般報告―」として、前出註(3)一〇五頁以下に収録されている（刑法雑誌二三巻一＝二号初出）。引用部分は同一二六頁である。

（6）なお、第一二回国際刑法学会大会第二議題に関する決議については、本稿では、ドイツ語のTiedemann, aaO, S.54-56を使用した。第二議題に関する我が国からのナショナル・レポートは平野龍一博士が提出された。「日本における自然環境の刑罰的保護―第一二回国際刑法会議報告―」として、前出註(3)一二七頁以下に収録されている（刑法雑誌二三巻一＝二号初出）。環境保護の為の刑事法の使用に関しての博士の見解の基調は、既に第一〇回国際比較法学会大会への一般報告にも示されているので、改めて述べるまでもないであろう。なお、各国からのレポートを基にした第二議題に関する準備会が、一九七八年五月二九日から六月二日にかけて、ポーランドのワルシャワで開催され、Revue Internationale de Droit Penal, Vol. 49 No.4 (1978)が、各国レポート・決議案を含め、詳細の報告に充てられている。平野博士の報告（英文）は一八五頁以下に見ることができる。

（7）ドイツを含め、主要各国の動向については本書第2章第2節を参照されたい。【筆者の執筆部分であるドイツについてのみ、本書一〇七頁以下に再録されている。】

（8）See The Eighth United Nations Congress on the Prevention of Crime and the Treatment of the Offenders, Havana, 27 August - 7 September 1990: Report prepared by the Secretariat (United Nations publication Sales No. E.91.IV.2 A/CONF.144/28/Rev.1), Chapter I, Section C. 2. "The role of criminal law in the protection of nature and the environment."

（9）内容は、Sevine Ercmann, The Contribution of the Council of Europe to the Protection of the Environment through Penal Law, Revue Internationale de Droit Penal, Vol.65 No.3-4 (1994) pp.1200に拠った。

（10）Convention on the Protection of the Environment through Criminal Law (European Treaty Series No. 172), Strasbourg, 4.XI. 1998　本条約は、加入について、ヨーロッパ評議会非構成国にも広くオープンされているものであり、三ヶ国の批准により発効するものとされている。二〇〇一年一一月三〇日現在で一三ヶ国が署名しているが、批准国はなく、未発効である。同条約については、森下忠「刑法による環境保護条約」（海外刑法だより一八七）判例時報一七二七号（二〇〇〇年）三一頁以下に紹介がある。

(11)　同準備会開催までの経緯・議事及び作成された九四年大会の為の決議案（勧告）の詳細については、伊東研祐「第一五回国際刑法学会総会（一九九四年・リオデジャネイロ）第一テーマ「環境に対する罪と刑法総則」の為の準備会議（一九九二年一一月二日～六日・オタワ）報告書」刑法雑誌三三巻三号（一九九四年）五八七～六〇〇頁【本書一二七頁以下】を参照されたい。

(12)　第一五回国際刑法学会大会の決議における変更点の概略については、山口厚「第一五回国際刑法会議について」ジュリスト一〇六〇号（一九九五年）三三頁以下を参照されたい。議事報告書にも記されているが、この変更は基本的方向性の修正というよりは、決議案（勧告）＝決議案素案が作成された九二年一一月以降の国際的議論の展開をも織り込んだものと解すべきであろう。ちなみに、決議案のとりまとめを行った作業グループの長は、素案の取り纏めでも主要な役割を演じた国際刑法学会カナダ支部の会員であり、作業グループ・メンバーにも素案作成に携わった者が多い。

(13)　Report of the meeting of the Ad Hoc Expert Group on More Effective Forms of International Cooperation against Transnational Crime, including Environmental Crime, held at Vienna, from 7 to 10 December 1993, E/CN.15/1994/4/Add.2 (25 February 1994)

(14)　概要・背景事情については、伊東研祐「「環境刑法」に関する国連関連研究機関主催の二つの専門家会議・報告(1)」ジュリスト一〇五三号（一九九四年）四七－四九頁【本書一五〇頁以下】を参照されたい。

(15)　伊東研祐「「環境刑法」に関する国連関連研究機関主催の二つの専門家会議・報告(2)(3完)」ジュリスト一〇五四号九四－一〇二頁、一〇五五号（一九九四年）一二九－一三五頁【本書一六四頁以下】。

(16)　本稿の執筆に際しては、関連議題についてのラポトゥア・ジェネラルであったモーハン・プラブー（Mohan Prabhu 当時はカナダ司法省シニアカウンセル）氏から提供を受けた議事報告書及び決議を参照した。なお、前出註(12)参照。

(17)　本稿の執筆に際しては、Draft Convention of the Council of Europe for the Protection of the Environment through Criminal Law, in: Beniamino Caravita (ed.), Environment as a Value and Its Protection through Criminal Law, 1995, Instituto per l'Ambiente (IPA) & International Scientific and Professional Advisory Council of the United Nations Crime Prevention and Criminal Justice Programme (ISPAC)/ Milano, pp.65 を参照した。

(18)　同会議については、ジュリスト一〇七号の他、罪と罰三二巻四号、法律のひろば四八巻九号、警察学論集四八巻八号、自由と正義四六巻七号（いずれも一九九五年）等に関係各方面の立場からの詳細な報告がある。なお、国連犯罪予防及び犯罪者処遇会議というものの性格や国連組織内での位置・決議の効力等々については、同会議から変更されたこともあり、日野正晴「第九回国連犯罪防止会議の概観」ジュリスト一〇七号六一頁以下等で改めて確認されたい。

(19) Background paper for the workshop on environmental protection at the national and international levels: potentials and limits of criminal justice, A/CONF.169/12 (14 Dec. 1994). なお、拙稿・前出注(14)をも参照されたい。

(20) Report of the Chairman of Committee I on the workshop on topic (e): environmental protection at the national and international levels: potentials and limits of criminal justice, A/CONF.169/L.26 (5 May 1995) & Ninth United Nations Congress on the Prevention of Crime and the Treatment of Offenders, Cairo, 29 April - 8 May 1995: Report prepared by the Secretariat, A/CONF.169/16/Rev.1, pp. 82-84.

(21) Cf. Report of the Chairman of Committee I on the workshop on topic (e): environmental protection at the national and international levels: potentials and limits of criminal justice, A/CONF.169/L.26 (5 May 1995), p.1

(22) Economic and Social Council Resolution 1995/27 (24 July 1995), in : Commission on Crime Prevention and Criminal Justice. Report on the Fourth Session (30 May - 9 June 1995), Economic and Social Council Official Records, 1995, Supplement 10, p.5

(23) なお、正確を期する為に付言しておけば、同モノグラフは、ワークショップの時点では形式的には確定稿ではなかったと思われる。国連犯罪予防及び刑事司法部は、一九九四年一一月末、United Nations Crime Prevention and Criminal Justice Branch, Draft Monograph on Capacity Building in Criminal Enforcement of Environmental law - November 1994 - を、国連事務総長が経済社会理事会決議 1993/28 (27 July 1993) の要請により各国政府からの申告に基づいて創設した環境刑法専門家ロースターに登録された専門家に送付し、意見聴取を行った。この意見聴取結果をも反映し、より詳細化された確定稿は、UNICRI をも著者に明示した United Nations Crime Prevention and Criminal Justice Branch & United Nations Interregional Crime and Justice Research Institute, Monograph on Capacity Building in Criminal Enforcement of Environmental law - July 1995 - である(筆者の所持する確定稿には、Crime Prevention and Criminal Justice programme's capacity building prospectus (27 July 1995) が付されているが、これがモノグラフの一部を成すものであるか否かは明らかでない)。確定稿は、一九九五年七月末に国連開発計画（UNDP）に送付された。

(24) 同計画の詳細については、http://www.ecpp.org/以下で確認されたい。

(25) 例えば、UNICRI 関連で報告書の公開されている1例を挙げれば、Svend Soylamnd & Mohan Prabhu (eds.), Criminal Law and Its Administration in International Environmental Conventions. Summary Proceedings of a Regional Workshop, Apia, Samoa 22-26 June 1998, Co-organized by UNICRI, Commonwealth Secretariat and South Pacific

五　その後の環境刑法の展開と今後の展望——236

Regional Environmental Programme (SPREP), Issues and Reports No. 12, UNICRI がある（http://www.unicri.it/以下で参照されたい）。UNAFEI は、アジア刑政財団等の協力を得て、人材養成の為のセミナーを実施した。

著者紹介

伊 東 研 祐（いとう　けんすけ）

1953年　出生

1976年　東京大学法学部卒業

　　　　金沢大学・名古屋大学を経て

現　在　慶應義塾大学教授

　　　　司法試験考査委員

　　　　日本刑法学会理事

主要著書・訳書

法益概念史研究（1984年・成文堂）

アメリカ環境法の理論的諸相（1989年・成文堂）

徹底討論　刑法理論の展望［共著］（2000年・成文堂）

現代社会と刑法各論　第２版（2002年・成文堂）

環境刑法研究序説

2003年４月10日　第１刷発行

著　者　伊 東 研 祐

発行者　阿 部 耕 一

〒162-0041　東京都新宿区早稲田鶴巻町514番地

発行所　株式会社　成 文 堂

電話　03(3203)9201(代)　Fax　03(3203)9206

http://www.seibundoh.co.jp

印刷　藤原印刷　　製本　佐抜製本

ISBN 4-7923-1611-1　C3032

定価（本体3700円＋税）